Informatik-Fachberichte 140

Herausgegeben von W. Brauer
im Auftrag der Gesellschaft für Informatik (GI)

Hans-Joachim Wunderlich

Probabilistische Verfahren für den Test hochintegrierter Schaltungen

Springer-Verlag
Berlin Heidelberg New York
London Paris Tokyo

Autor

Hans-Joachim Wunderlich
Universität Karlsruhe
Institut für Rechnerentwurf und Fehlertoleranz
Technologiefabrik Informatik
Postfach 6980, D–7500 Karlsruhe 1

CR Subject Classifications (1987): B.7, B.7.3

ISBN 3-540-18072-9 Springer-Verlag Berlin Heidelberg New York
ISBN 0-387-18072-9 Springer-Verlag New York Berlin Heidelberg

CIP-Kurztitelaufnahme der Deutschen Bibliothek. Wunderlich, Hans-Joachim:
Probabilistische Verfahren für den Test hochintegrierter Schaltungen /
Hans-Joachim Wunderlich. – Berlin; Heidelberg; New York; Tokyo: Springer, 1987.
(Informatik-Fachberichte; 140)
Isbn 3-540-18072-9 (Berlin ...)
ISBN 0-387-18072-9 (New York ...)
NE: GT

Repro– und Druckarbeiten: Weihert-Druck GmbH, Darmstadt
Bindearbeiten: Druckhaus Beltz, Hemsbach/Bergstraße
2145/3140 – 5 4 3 2 1 0

Vorwort

Die vorliegende Arbeit ist unter dem Titel "Probabilistische Verfahren zur Verbesserung der Testbarkeit synthetisierter digitaler Schaltungen" von der Fakultät für Informatik der Universität Karlsruhe (Technische Hochschule) als Dissertation zur Erlangung des akademischen Grades eines Doktors der Naturwissenschaften genehmigt worden. Die mündliche Prüfung fand am 10. Dezember 1986 statt, erster Gutachter war Prof. Dr.-Ing. D. Schmid aus Karlsruhe, zweiter Gutachter war Prof. Dr.-Ing. W. Geisselhardt aus Duisburg.

Die Dissertation behandelt den Selbsttest hochintegrierter digitaler Schaltungen mit zufällig erzeugten Mustern. Es wird ein Verfahren vorgestellt, um die Wahrscheinlichkeit zu schätzen, mit der ein Fehler durch ein zufällig erzeugtes Muster erkannt wird, und um darauf aufbauend die notwendige Zahl von Zufallsmustern zu bestimmen.

Beim konventionellen Zufallstest benötigen viele Schaltungen unwirtschaftlich große Mustermengen. Um dieses Problem zu lösen, wird eine Methode vorgeschlagen, für Zufallsmuster solche optimalen Verteilungen zu bestimmen, die eine besonders hohe Fehlererfassung erwarten lassen. In vielen Fällen kann so die nötige Musterzahl um mehrere Größenordnungen gesenkt werden. Zur Ausführung eines einfachen Selbsttests wird ein Modul vorgestellt, der auf dem Chip integriert werden kann und im Testmodus die Muster mit den geforderten Verteilungen erzeugt. Der Mehraufwand an Schaltelementen für den Selbsttest mit optimierten Zufallsmustern ist mit dem beim herkömmlichen Zufallstest vergleichbar.

Herrn Professor Dr.-Ing. D. Schmid bin ich für seine vielfältige Unterstützung und zahlreiche Anregungen, ohne die das Gelingen dieser Arbeit nicht denkbar gewesen wäre, zu großem Dank verpflichtet. Als Direktor des Instituts für Informatik IV der Universität Karlsruhe sorgte er für ausgezeichnete Forschungsbedingungen und ermöglichte es mir, mich in das neue und interessante Gebiet der Hochintegration einzuarbeiten.

Herrn Professor Dr.-Ing. W. Geisselhardt danke ich für die Übernahme des Korreferates und für zahlreiche wertvolle Hinweise.

Den Mitarbeitern des Instituts für Informatik IV und des Forschungszentrums Informatik an der Universität Karlsruhe danke ich für die gute Zusammenarbeit, insbesondere Herrn Dr. rer. nat. W. Rosenstiel, der stets zu kritischen Diskussionen bereit war, sowie den Herren Dipl. Inform. J. Holzinger, Dipl. Inform. A. Kunzmann und Dipl.-Math. M. Rudolph.

Karlsruhe, Juni 1987   Hans-Joachim Wunderlich

Inhalt

Liste der verwendeten Symbole und Abkürzungen

$\langle x_1,...,x_n \rangle$	n-Tupel
$\{x_1,...,x_n\}$	Menge der Elemente x_1 bis x_n
$f: A \rightarrow B$	Die Funktion f bildet die Menge A in die Menge B ab
$f: a \mapsto b$	Die Funktion f bildet das Element a auf das Element b ab
$\{x \mid P(x)\}$	Die Menge der x mit der Eigenschaft $P(x)$
$\langle x_i \mid i \in I \rangle$	Eine Aufzählung der Menge $\{x_i \mid i \in I\}$
$A \subset B$	A ist Teilmenge von B
$A \cap B$	Der Durchschnitt von A und B
$A \cup B$	Die Vereinigung von A und B
$A \setminus B$	A ohne B
$[a,b]$	Das Intervall der x mit $a \leq x \leq b$
$]a,b[$	Das Intervall der x mit $a < x < b$
$\&$	und
$\neg a$, (oder a)	nicht a
$|M|$	Der Betrag oder die Mächtigkeit von M
dF/da	Die Boolesche Differenz der Funktion F nach dem Eingang a
$x \# y$	$x+y-2xy$ für $x, y \in [0,1]$
$dF(x)/dx$	Die Ableitung der reellen Funktion F nach x
$E(x)$	Der Erwartungswert der reellen Zufallsvariable x
$P(y)$	Wahrscheinlichkeit, daß y wahr ist
F	Fehlermodell, -menge

s-a-0	Haftfehler an 0
s-a-1	Haftfehler an 1
$p_f(X)$	Entdeckungswahrscheinlichkeit des Fehlers f bei einem gegebenem Tupel von Eingangswahrscheinlichkeiten X (häufig in der Literatur "Fehlererkennungswahrscheinlichkeit" genannt)
$s_i(X)$	Wahrscheinlichkeit, daß vom Eingang i zum betrachteten Ausgang ein Pfad sensibilisiert ist
$J_N(X)$	Gütefunktion bei Eingangswahrscheinlichkeiten X und Musterzahl N
LRS	linear rückgekoppeltes Schieberegister
V(k)	Sämtliche Vorgänger des Knotens k
Succ(k)	Die unmittelbaren Nachfolger des Knotens k
$\delta(a,b)$	Der Abstand zwischen den Knoten a und b (siehe S. 60)

1. Einleitung

Ziel der Arbeit

Bei steigender Integrationsdichte wird der Test zu einem dominierenden Kostenfaktor bei der Herstellung integrierter Schaltungen. Abhilfe bringt der Test mit zufällig erzeugten Mustern, die mit geringem Mehraufwand auf dem Chip selbst erzeugt und ausgewertet werden können.

Bei diesem Vorgehen gibt man der Schaltung eine Menge zufällig erzeugter Muster ein. Reagiert sie auf alle Muster korrekt, so nimmt man an, daß sie fehlerfrei ist. Dazu ist vorab aus der Schaltungsstruktur die Zahl der anzulegenden Muster und die Reaktion der Schaltung darauf zu bestimmen. Ein weiteres Problem werfen solche Schaltungen auf, die dafür unwirtschaftlich viele Muster benötigen. Die vorliegende Arbeit behandelt beide Probleme.

Es wird ein Verfahren dafür angegeben, die Wahrscheinlichkeit zu schätzen, mit der ein Fehler durch ein zufällig erzeugtes Muster erkannt wird. Es wird ferner eine Methode vorgeschlagen, für Zufallsmuster solche Verteilungen zu bestimmen, die eine besonders hohe Fehlererfassung erwarten lassen. In vielen Fällen kann so die nötige Musterzahl um mehrere Größenordnungen gesenkt werden. Zur Ausführung eines einfachen Selbsttests wird ein Modul vorgestellt, der auf dem Chip integriert werden kann und im Testmodus die Muster mit den geforderten Verteilungen erzeugt. Der Mehraufwand zur Erzeugung der optimierten Zufallsmuster kann dabei sogar geringer als beim herkömmlichen Zufallstest sein.

Umfeld der Arbeit

Seit dem Erscheinen der ersten integrierten Schaltung hat sich die Zahl der Transistoren pro Chip etwa alle zwei Jahre verdoppelt /Nomu85/, und es ist zu erwarten, daß die technisch machbare Integrationsdichte im gleichen Maße weiter steigt. Die Komplexität vieler Aufgaben beim Entwurf und beim Test wächst jedoch noch schneller als die Zahl der in den Schaltungen integrierten Funktionen.

Zu diesen Aufgaben gehören die Plazierung, Verdrahtung, Kompaktierung, Logiksynthese, Simulation und Prüfprogrammerzeugung. Ihre hohen Kosten stehen dem breiten Einsatz kundenspezifischer Schaltungen für Spezialfunktionen in kleinen und mittleren Stückzahlen entgegen. Für sehr hoch integrierte Schaltungen in freier Logik sind diese Aufgaben manuell nicht mehr zu bewältigen, so daß man auf effiziente Verfahren für den rechnerunterstützten Entwurf angewiesen ist. Aber auch deren Leistungsfähigkeit reicht vielfach nicht aus, um den hohen

Anforderungen gerecht zu werden. Daher erlangen in steigendem Maße die algorithmischen Probleme der Entwurfsautomatisierung gebenüber den technologischen Problemen Bedeutung.

Beim automatisierten Entwurf kann die Komplexität der zu lösenden Aufgaben dadurch gesenkt werden, daß man auf verschiedenen Abstraktions- und Hierarchieebenen die Schaltungsfunktion beschreibt. Beispiele solcher Ebenen sind die Schaltkreisebene, die logische Ebene, die Register-Transferebene und die algorithmische Ebene (Verhaltensbeschreibung durch eine höhere Programmiersprache).

Diese Ebenen haben sich im Rahmen des hierarchischen Entwurfs bisher herausgebildet, jedoch verlangt beispielsweise die neue Entwicklung von sogenannten Ein-Chip-Rechnern /Saka85/ bereits die Beschreibung von Schaltungen auf der Ebene der Rechnerarchitektur /John84/.

Für jede dieser Ebenen müssen dem Entwerfer geeignete Werkzeuge zur Verfügung stehen. So existieren auf der Schaltkreisebene unter anderem analoge Simulatoren, um das elektrische Verhalten der Schaltungsteile wiederzugeben. Auf einer höheren Ebene sind Werkzeuge verfügbar, die dem Entwerfer eine Bibliothek bereits entwickelter und simulierter Zellen an die Hand geben und deren Plazierung, Verdrahtung und Simulation weitgehend automatisieren (z. B. das Programmsystem VENUS /GÖTT84/, /HORN85/). Zu derselben Ebene gehören die "Silicon Compiler", die ausgehend von einer Beschreibung der Funktion und der Struktur entsprechende Zellen aus einer Bibliothek auswählen oder parametrisiert erzeugen, plazieren, verdrahten und die Validierung der generierten Struktur unterstützen (vgl. /Ayre83/, /BLAC85/, /KREK85/).

Die hohe Komplexität der produzierbaren Schaltungen verlangt auch zunehmend Werkzeuge für die rechnergestützte Erstellung der logischen Struktur aus Beschreibungen der Schaltungsfunktion in einer höheren Programmiersprache. Diese sogenannte Logiksynthese ist gegenwärtig ein stark bearbeitetes Forschungsfeld (siehe /Newt85/, /Camp85/). Eine komfortable und effiziente Logiksynthese verkürzt die Zeit für die Entwicklung einer Schaltung. Allerdings können Testvorbereitung, Testerstellung und Testdurchführung in manchen Fällen bis zu 60 % der Gesamtkosten pro Chip in Anspruch nehmen /Benn84/. Je mehr es deshalb gelingt, die Entwurfskosten zu senken, desto stärkere Bedeutung erhält der Kostenanteil des Tests.

Diese Kosten sind in der Regel beträchtlich, obwohl hochintegrierte Schaltungen häufig mit Zusatzlogik ausgestattet und ihre Funktionen modifiziert werden, um den Test zu erleichtern oder überhaupt erst zu ermöglichen ("Design for Testability", DfT). Die Logiksynthese muß die für den Test notwendigen Entwurfsmodifikationen automatisch ausführen, wenn einer ihrer wesentlichen Vorteile, die Korrektheit per Konstruktion, erhalten bleiben soll. Außerdem ginge die erwünschte Beschleunigung des Entwurfsvorgangs wieder verloren, falls die Logikstruktur zur Testerzeugung manuell aufgearbeitet werden müßte.

Am Institut für Informatik IV der Universität Karlsruhe wird daher seit einigen Jahren die Integration von Logiksynthese und Test als Forschungsgebiet bearbeitet /SCHM84/. In der vorliegenden Arbeit wird der Test mit Zufallsmustern als eine für synthetisierte Schaltungen geeignete Teststrategie vorgeschlagen, da er im Selbsttest ohne teure Hochleistungstestgeräte und ohne die rechenzeitaufwendige Testmusterbestimmung mit geringen Kosten durchgeführt werden kann.

Die Ergebnisse dieser Arbeit sind als Programmpaket PROTEST (Probabilistische Testbarkeitsanalyse) /Wu85/ implementiert und Bestandteil des Systems zur Logiksynthese CADDY (Carlsruhe Digital Design System, vgl. /Rose84/, /SCHM84/, /RoCa85/).

Gliederung der Arbeit

Im ersten Kapitel der Arbeit werden einige Grundlagen des Testproblems für integrierte Schaltungen zusammengestellt, seine technischen und ökonomischen Aspekte skizziert und Besonderheiten des Testproblems für synthetisierte Schaltungen herausgearbeitet.

Das zweite Kapitel stellt grundlegende Definitionen und Sachverhalte zusammen, umreißt die Ziele dieser Arbeit und grenzt sie von den bislang geleisteten Vorarbeiten ab.

Das dritte Kapitel behandelt probabilistische Verfahren in der Testerzeugung und Testbarkeitsanalyse. Zunächst werden einige Aussagen über den Aufwand und die Genauigkeit bekannter Methoden zur probabilistischen Analyse von Schaltnetzen hergeleitet. Die dabei gewonnenen Erkenntnisse dienen als Grundlage für ein neues Verfahren zur Bestimmung von Signalwahrscheinlichkeiten, Fehlerentdeckungswahrscheinlichkeiten und Testlängen.

Das vierte Kapitel behandelt optimierte Zufallstests für Schaltnetze. Grundlage dieser Optimierung ist, daß sich die zu erwartende Fehlerüberdeckung eines Zufallstests bedeutend steigern läßt, wenn jeder primäre Eingang des zu testenden Schaltnetzes mit einer für ihn spezifischen Wahrscheinlichkeit auf logisch "1" gesetzt wird. Ein optimaler Zufallstest stimuliert dann jeden Eingang des Schaltnetzes derart, daß die notwendige Testlänge minimal wird. Es werden Probleme der Existenz und Eindeutigkeit optimaler Tests diskutiert, und es wird ein effizientes Verfahren angegeben, um solche Verteilungen zu bestimmen, die einem optimalen Test nahekommen.

Das 5. Kapitel wendet die Ergebnisse der beiden vorhergehenden Kapitel bei der Schaltungssynthese an. Es wird eine Schaltung vorgestellt, die optimale Zufallstests erzeugen und auswerten kann und sich für den Selbsttest auf dem Chip unterbringen läßt.

Im 6. Kapitel werden die gewonnenen Aussagen anhand von Beispielen validiert. Darunter sind auch solche, die als "Benchmarks" für Testwerkzeuge in die Literatur eingegangen sind.

In einem Anhang finden sich schließlich weitere experimentell gewonnene Daten der vorgeschlagenen Verfahren und der Beweis einer Aussage über optimale Zufallsmuster.

1. Das Testproblem für integrierte Schaltungen

In diesem Kapitel werden die Voraussetzungen und Randbedingungen zusammengestellt, die für das Verständnis der später vorgestellten Testverfahren notwendig sind. Einfluß auf den Test haben Sachverhalte aus unterschiedlichen Gebieten:

Fertigungstechnik: Hier entscheidet sich, mit wievielen und mit welchen physikalischen Fehlern bei der Schaltungsherstellung zu rechnen ist. Die Ausbeute an elementaren Schaltungsteilen, z. B. Kontakten oder Leitungen, bestimmt wichtige Anforderungen an einen Test.

Technologie: Unterschiedliche Schaltungstechnologien, z. B. dynamische oder statische MOS-Entwürfe, führen bei denselben physikalischen Fehlern zu unterschiedlichem logischen Verhalten.

Entwurfsstil: Je nach Funktion und Struktur der implementierten Schaltung bieten sich unterschiedliche Testverfahren an. Insbesondere gibt es eine Vielzahl von Möglichkeiten des prüfgerechten Entwurfs.

Schaltungsanwendung: Die Auflage und der Verwendungszweck der Schaltung bestimmen die notwendige Fehlererfassung und die noch wirtschaftlichen Kosten des Tests. Wobei sich die Testkosten je nach gewähltem Verfahren unterschiedlich in Kosten für die Anwendung, Testmusterbestimmung oder Kosten für den prüfgerechten Entwurf aufteilen.

In Abschnitt 1.1 diskutieren wir die fertigungstechnischen Sachverhalte, die für das später gewählte Testverfahren von Bedeutung sind. Abschnitt 1.2 behandelt den Einfluß der gewählten Technologie auf den Test. Hier konnte nicht allein auf bekannte Sachverhalte zurückgegriffen werden, sondern es mußten neue Auswirkungen auf den Test untersucht werden, die von innovativen Technologien wie dynamischen MOS ausgehen. Einflüsse des Entwurfs auf den Test werden in Abschnitt 1.3 behandelt, und in Abschnitt 1.4 werden die bekannten wesentlichen Teststrategien und die Probleme bei der Testdurchführung und Testmusterbestimmung skizziert.

1.1 Die Rolle des Produktionstests

Sowohl bei der Entwicklung von Software als auch beim Entwurf digitaler Schaltungen sind die Arbeitsschritte der Verifikation oder zumindest der Validierung wesentlich. Während zur Verifikation bewiesen werden muß, daß ein Entwurf seiner funktionalen Beschreibung genügt, kann man sich bei der Validierung darauf beschränken, für eine ausreichende Zahl geeignet gewählter Beispiele die korrekte Behandlung zu zeigen.

Im Gegensatz dazu stellt der Test jedoch eine Besonderheit integrierter Schaltungen insofern dar, als er nichts mit der Verifikation zu tun hat, da nicht die Korrektheit einer Beschreibung, sondern physikalische Eigenschaften einer Schaltung festgestellt werden sollen. Er schließt die Validierung nur insoweit ein, als sie nicht durch Simulation auf dem Rechner, sondern durch Experimente an der realen Schaltung durchgeführt wird. Zum Test gehören einerseits die Entwurfsvalidierung oder der sogenannte *Prototyptest* und andererseits der *Produktionstest* beim Hersteller, der ähnlich wie der Wareneingangstest beim Kunden durchgeführt wird.

Der *Prototyptest* ist notwendig, da ein nicht vollständig automatisierter Entwurfsvorgang wie bei allen komplexen Systemen auch bei integrierten Schaltungen Entwurfsfehler erwarten läßt, so daß die Entwürfe validiert werden müssen. In vielen Fällen ist hierzu die Simulation anhand vorab geschätzter Parameter für das elektrische Verhalten nicht ausreichend, sie muß durch den Test an Prototypen der Schaltung ergänzt werden. Dabei ist nicht nur wesentlich, ob die Schaltung die gewünschte Spezifikation einhält, sondern es ist bei Abweichungen auch wichtig, deren genaue Ursachen zu kennen. Für diese Fehlerdiagnose müssen daher sehr aufwendige Testmethoden eingesetzt werden, um möglichst viele Informationen zu gewinnen. Hierzu gehören die Potentialkontrastmethode beim Test mit dem Elektronenstrahl /FAZE83/, der Röntgen - test /Marc83/ und andere Diagnoseverfahren (vgl. /Wu85a/, Kapitel 1.3).

Solche aufwendigen Testverfahren sind für einen Entwurf nur zu Beginn des Herstellungsprozesses, bei Änderung der Prozeßparameter oder bei unerwarteten Ausfällen der Schaltung im Feld akzeptabel. Bei einem Zellentwurf kann es in vielen Fällen genügen, nur die Zellbibliothek diesen Tests zu unterwerfen, mit welcher eine Vielzahl von Entwürfen gefertigt werden kann.

Der *Produktionstest* hat dagegen die Aufgabe, für jedes produzierte Exemplar einer Schaltung die korrekte Funktion sicherzustellen. Denn zumeist ist wegen Parameterschwankungen in der Produktion oder prozeßbedingten punktuellen Fehlern nur von einem Bruchteil der produzierten Schaltungen zu erwarten, daß sie entsprechend der Spezifikation funktionieren. Dies gilt auch dann, wenn man solche systematischen Fehler nicht berücksichtigt, wie sie beispielsweise durch unzulängliche Entwurfsregeln oder bei der Herstellung durch Maskenverschiebungen verursacht werden können.

Es ist aber in der Serienproduktion nicht möglich und auch nicht notwendig, jedes einzelne Schaltungsexemplar den aufwendigen Diagnoseverfahren des Prototyptests zu unterwerfen. Da eine Reparatur ausgeschlossen und Prozeßmodifikationen in der Regel nicht beabsichtigt sind, ist die Fehlerlokalisierung überflüssig, und es genügt die Fehlererkennung. Allerdings muß der Produktionstest für jedes einzelne Schaltungsexemplar durchgeführt werden, so daß er zumeist in weit höherem Maße zu den Gesamtkosten beiträgt als der aufwendigere Prototyptest einer relativ kleinen Zahl von Schaltungen. Der Prototyptest ist nicht Gegenstand der folgenden Untersuchungen, und wenn fortan von Test gesprochen wird, ist stets der Produktionstest gemeint.

1.1.1 Die Kosten des Tests

Aufgabe des Produktionstests ist es, aus der Charge produzierter Schaltungen diejenigen auszuwählen, welche die intendierte Funktion erfüllen. Dazu werden in einem Pre-Test die gefertigten Wafer auf leicht erkennbare, z. B. auffällige systematische Fehler untersucht, und später wird jedes Chip einem Parameter- und einem Funktionstest unterzogen. Beim Funktionstest wird die Schaltung mit einer Folge von Prüfmustern stimuliert in der Erwartung, daß eine fehlerhafte Schaltung andere Testantworten liefert als eine fehlerfreie. Hier liegen wesentliche Probleme des Tests hochintegrierter Schaltungen:

1. Die Bestimmung von Testmusterfolgen aus der Schaltungsstruktur ist höchst rechenzeitintensiv. Auch wenn berücksichtigt wird, daß die Schaltungen vermehrt mit Zusatzlogik zu Testzwecken ausgestattet sind, zeigen Erfahrungen aus der Praxis, daß der Rechenaufwand für die Testerzeugung quadratisch bis kubisch mit der Schaltungsgröße wächst (/Goel80/, /Goel82/).

2. Die Validierung vorgegebener Prüffolgen durch Fehlersimulation erfordert in der Praxis eine Rechenzeit, die quadratisch mit der Schaltungsgröße zunimmt (/Goel80/, /Goel82/).

3. Der Umfang der Testdaten nimmt quadratisch zu, die Testzeit verlängert sich wegen der Leistungssteigerung der Testautomaten nicht ganz so drastisch (/Goel80/, Goel82/).

4. Falls die Schaltungen nicht für den Selbsttest geeignet sind, müssen die Testgeräte zumindest die Zeitanforderungen der zu prüfenden Chips erfüllen, da aus technischen Gründen eine ganze Reihe von Fehlern nur erkannt wird, wenn die Prüfmuster in der gewünschten Betriebsgeschwindigkeit angelegt werden. Hochleistungstestgeräte, die mit einer maximalen Geschwindigkeit bis zu 100 MHz an 256 Anschlüssen eines Chips die Prüfmuster mit einer Genauigkeit bis zu 20 Pico-Sekunden bringen und die Antworten mit einer Auflösung von wenigen Pico-Sekunden aufnehmen können, kosten nach einer Marktübersicht aus dem Jahr 1984 zwischen 0.5 und 2.7 Millionen US-$ /Bier84/.

Dies sind die vier wesentlichen Gründe dafür, daß der Kostenanteil des Tests an der Herstellung ständig gestiegen ist und in manchen Fällen bereits mehr als die Hälfte der Gesamtkosten der Schaltung ausmacht. Die Ergebnisse der vorliegenden Arbeit berühren alle vier Kostenursachen.

Wesentlichen Einfluß auf die Testkosten haben die Anforderungen, wie gut Fehler erkannt werden und wie weit der Test getrieben werden soll. Als *Fehlerüberdeckung* (Fehlererfassung) einer Prüfmusterfolge wird der Prozentsatz der Fehler verstanden, die durch den Test mit dieser Prüfmusterfolge erkannt werden können. Die Kosten für die Testerzeugung, Testdurchführung und in vielen Fällen für notwendige Zusatzaustattungen der Schaltungen zu Testzwecken wachsen überproportional mit der geforderten Fehlerüberdeckung /Goel80/. Die erforderliche Fehlerüberdeckung wird vom Verwendungszweck der Schaltung und auch von wirtschaftlichen Kriterien bestimmt. Technologische Randbedingungen sind hierfür in erster Linie, wie hoch die erwartete Ausbeute des Fertigungsprozesses ist und mit welchen punktuellen Defekten gerechnet werden muß.

1.1.2 Die Ausbeute

Die Ursachen der punktuellen Defekte sind vielfach. In allen Herstellungsschritten, bei der *Waferproduktion*, der *Oxidierung*, der *Diffusion und Ionen-Implantation*, beim *Ätzen* und bei der *Metallisierung* treten mit statistischer Gesetzmäßigkeit Fehler auf; einen Überblick über die Faktoren, welche die Ausbeute beeinflussen, gibt z. B. /Bert83/. Zumeist ist bei sehr hoch integrierten Schaltungen in kleinen und mittleren Auflagen nur eine Ausbeute von wenigen Prozent zu erwarten, auch wenn durch Prozeßoptimierung und durch Prozeßüberwachung das Auftreten systematischer und punktueller Defekte minimiert wird /Mitc83/.

Um für einen gegebenen Herstellungsprozeß die Ausbeute eines Schaltungsentwurfs vorab schätzen zu können, wurde eine Vielzahl von Ausbeutemodellen vorgeschlagen (vgl. /Bert83/). Das Stapper-Modell (/Stap75/, /Stap76/) hat sich als hinreichend genau erwiesen, die Ausbeute Y bzgl. einer Schaltungskomponente (z.B. Ausbeute an Kontakten) vorherzusagen:

$$(1.1) \qquad Y = (1 + sAD)^{-1/s}$$

A ist die aktive Fläche, welche die betrachtete Schaltungskomponente belegt, D ist die durchschnittliche Fehlerdichte für diese Komponente, und s ist ein aus dem Prozeß zu bestimmender Parameter. Hieraus läßt sich die Gesamtausbeute an funktionierenden Schaltungen als Produktmodell herleiten:

(1.2) $Y = e^{-AD'}$

Hier ist A die aktive Fläche der gesamten Schaltung und D' die gewichtete Fehlerdichte, die sich aus dem Logikentwurf und den Fehlerdichten der darin vorkommenden Komponenten bestimmt. Es zeigt sich, daß für verschiedene Entwürfe die Ausbeute zwar nicht exponentiell mit deren Fläche abnehmen muß, da verschiedene Entwürfe auch zu verschiedenen gewichteten Fehlerdichten führen können, daß aber die Ausbeute sehr wohl exponentiell mit der Anzahl abnimmt, mit der dieselbe Logikstruktur auf einem Chip realisiert wird, falls dieselben Fertigungsverfahren beibehalten werden, da dann die Fehlerdichte unverändert bleibt.

Dieser Sachverhalt setzt auch dem Ansatz Grenzen, viele zusätzliche Schaltungsteile allein zu Testzwecken auf dem Chip zu integrieren. Die Mehrkosten für dieses "Design for Testability" wachsen überproportional mit der dafür aufgewendeten Siliziumfläche, da auch die Ausbeute an funktionierenden Chips abnimmt.

1.1.3 Die Produktqualität

Forderungen über die Zuverlässigkeit einer Schaltung gehören zur funktionalen Spezifikation des Chips und müssen auf jeden Fall erfüllt werden. Hierzu gehört auch die Wahrscheinlichkeit, daß der Chip nach Bestehen des Tests tatsächlich fehlerfrei ist. Dies legt eine untere Grenze für die notwendige Fehlerüberdeckung fest.

Falls diese eingehalten wird, reduziert sich die Entscheidung über die erforderliche Fehlerüberdeckung auf eine einfache Kostenabwägung. Unter der *Produktqualität* einer Schaltung versteht man den Prozentsatz der nach dem Test ausgelieferten Chips, die spezifikationsgemäß funktionieren. Ihr Komplement ist die *Defektrate*, der Prozentsatz der fehlerhaften ausgelieferten Schaltungen.

Ist für eine Schaltung die zu erwartende Ausbeute bekannt, lassen sich aus der erreichten Fehlerüberdeckung Produktqualität und Defektrate abschätzen. In der Literatur wurden hierfür von Agrawal et al. in /AAS81/, von Wadsack in /Wads81/ und von Williams et al. (/BrWi81/, /Will81/) Modelle vorgeschlagen. Williams hat aus seiner Modellierung Anforderungen an den Zufallstest hergeleitet (/Will84/, /Will85/), wir geben im folgenden seine Abschätzung wieder.

Für die Ausbeute Y gilt nach dem Produktmodell in Gleichung (1.2) $Y = e^{-AD'}$. Wir nehmen an, der Test habe eine Fehlerüberdeckung von 100T % mit $0 \le T \le 1$. Es wird weiter vorausgesetzt, daß sich die nicht entdeckten Fehler gleichmäßig unter allen Fehlern verteilen und daher für die Dichte der unentdeckten Fehler überall $D° = (1-T)D'$ gilt. Wenn $100Y_\delta$ % die Produktqualität und

$$(1.3) \qquad 100 \ DL \ \% = 100(1-Y_\delta) \ \%$$

der Defektlevel sind, so erhält man

$$(1.4) \qquad Y_\delta = Y^{(1-T)}.$$

Aus Gleichung (1.4) folgt für eine geforderte Produktqualität die notwendige Fehlerüberdeckung eines Tests.

Mit betriebswirtschaftlichen Methoden lassen sich die Testkosten zur Erzielung der Produktqualität gegenüber den Kosten abwägen, die fehlerhafte Chips verursachen, die ausgeliefert und in ein komplexeres System eingebaut werden. Eine Faustregel ist die "Regel der 10", die eine Kostensteigerung um den Faktor 10 annimmt, je später der Fehler entdeckt wird: erst auf dem Chip, erst auf der fehlerhaften Platine, erst nach dem Einbau in das System oder erst nach der Auslieferung im Feld /Will81/.

Jedoch kann stets nur mit einer gewissen Wahrscheinlichkeit angenommen werden, daß der Chip nach Bestehen des Testes auch tatsächlich korrekt ist und bis zu seiner weiteren Verwendung auch fehlerfrei bleibt. Dies ist ein Sachverhalt, der auf alle Teststrategien zutrifft und keine Besonderheit des Tests mit Zufallsmustern ist.

1.2 Ebenen der Fehlermodellierung

Nur in Ausnahmefällen ist es möglich, die Funktion einer Schaltung erschöpfend zu testen. Zumeist muß man sich auf die Annahme beschränken, daß nur eine bestimmte Menge von Fehlfunktionen auftritt. Eine solche Menge von Fehlfunktionen definiert ein *Fehlermodell*, dessen Auswahl technologieabhängig erfolgen muß.

Die in der Einleitung erwähnten Beschreibungsebenen einer Schaltung korrespondieren mit den Beschreibungsmöglichkeiten für ein Fehlermodell. Auf der untersten Ebene führen Abweichungen in der physikalischen Struktur der Schaltung zu einem Fehler, sobald das resultierende elektrische Verhalten außerhalb der Spezifikation liegt. Auf höheren Ebenen lassen sich die Fehler evtl. nicht mehr eindeutig Abweichungen der physikalischen Struktur zuordnen, vielmehr führt die Fehlermodellierung in der aufsteigenden Hierarchie von Transistor-, Schalter-, Gatter-, Register-Transfer- und algorithmischer Ebene sowohl zu abnehmender Komplexität der

Testerzeugung und Testbarkeitsanalyse als auch zu abnehmender Genauigkeit der Modellierung.

Aus diesem Grund ist die Modellierung der Fehler auf der Gatterebene neben der "mixed mode"-Modellierung zu Simulationszwecken (/AGRA80/, /Ulri85/) am weitesten verbreitet und bildet deshalb auch die Basis der folgenden Untersuchungen.

Auf Gatterebene ist das *Haftfehlermodell* am bekanntesten, bei dem angenommen wird, daß ein Anschluß eines Gatters ständig auf "1" (s-a-1) oder ständig auf "0" (s-a-0) liegen kann. Diese Annahme beschreibt besonders bei bipolaren Technologien die Auswirkungen solcher Fehler wie "ständig offene Leitungen" oder "kurzgeschlossene Transistoren", wobei letztere auch sehr häufig auftretende Prozeßfehler sind ("Oxidation-induced stacking faults", /Parr83/). Haftfehler bei kombinatorischen Gattern können nie zu sequentiellem Fehlerverhalten führen, sie lassen sich deshalb auch algorithmisch einfach behandeln.

Unter den gleichen physikalischen Fehlerannahmen verhalten sich MOS-Gatter etwas komplizierter (/AbBa83/, /CHEN84/). Im folgenden sei ein Ansatz zur Fehlermodellierung skizziert, mit dem der Autor in /WuRo86/ Fehler dynamischer MOS-Schaltungen modelliert hat und der auf viele andere MOS-Entwurfstechniken anwendbar ist. Bild 1.1 zeigt den prinzipiellen Aufbau eines nMOS "pull down"-Gatters (pd-Gatter).

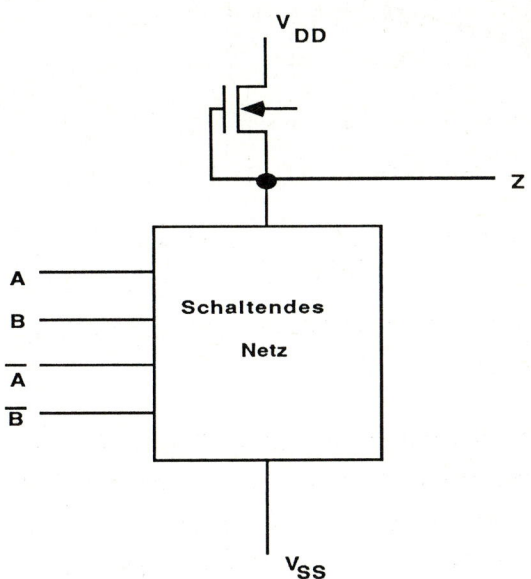

Bild 1.1:   nMOS-pull-down Gatter

Wesentlicher Bestandteil der "pull down"- sowie der meisten anderen MOS-Techniken ist das schaltende Netz (für eine genaue Untersuchung siehe /Haye82/) mit dem Endpunkt D am Gatterausgang und dem Punkt S an der Masse. Für die Antivalenzfunktion ist in Bild 1.2 das zugehörige schaltende Netz dargestellt.

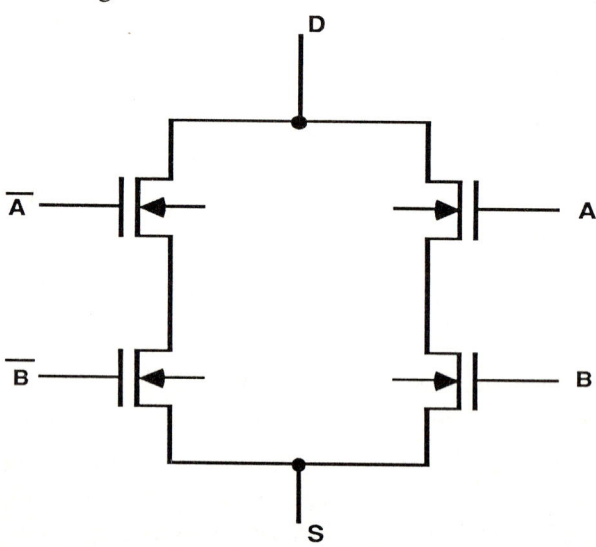

Bild 1.2: Schaltendes Netz (Antivalenz)

Die Transmissionsfunktion $\sigma(e_1,..,e_n)$ eines schaltenden Netzes ist eine Boolesche Funktion, die genau dann wahr ("1") ist, wenn zwischen S und D ein leitender Pfad existiert. Jedes schaltende Netz läßt sich induktiv wie folgt konstruieren:

1)   Eine Unterbrechung ist ein schaltendes Netz ($\sigma \equiv 0$).

2)   Eine Verbindung ist ein schaltendes Netz ($\sigma \equiv 1$).

3)   Ein Schalter (= Transistor) ist ein schaltendes Netz ($\sigma = e_1$ oder $\sigma = \neg e_1$).

1) bis 3) bezeichnen elementare schaltende Netze, aus denen iterativ kompliziertere Netze zusammengesetzt werden können:

4)   Die Serienschaltung zweier schaltender Netze N1 und N2 ist wieder ein schaltendes Netz N ($\sigma = \sigma_1 * \sigma_2$).

5)   Die Parallelschaltung zweier schaltender Netze N_1 und N_2 ist wieder ein schaltendes Netz N ($\sigma = \sigma_1 + \sigma_2$).

In einem schaltenden Netz seien die folgenden physikalischen Fehler möglich:

a)   Eine Leitung ist unterbrochen;

b)   ein Schalter ist stets offen;

c)   ein Schalter ist stets geschlossen.

Jede dieser Fehlerannahmen überführt ein nach 1) bis 3) elementares schaltendes Netz wieder in ein elementares Netz. Deshalb bleiben komplizierter zusammengesetzte schaltende Netze auch im Fehlerfall schaltende Netze mit einer kombinatorischen Transmissionsfunktion. Da die Funktion eines nMOS-pd-Gatters invers zu seiner Transmissionsfunktion ist, können die genannten Fehler in den schaltenden Netzen kein sequentielles Verhalten des Gatters hervorrufen. Dieser Sachverhalt trifft auch zu, wenn Kurzschlüsse im schaltenden Netz zu berücksichtigen sind. Wegen der großen Zahl der möglichen Kurzschlußfehler einer Zelle benötigt aber deren automatische Modellierung einen sehr hohen Aufwand, der nur gerechtfertigt erscheint, falls für eine Technologie Kurzschlüsse zwischen Leitungen häufig vorkommende Fehler sind. Ein großer Teil von ihnen wird jedoch bereits durch das Haftfehlermodell abgedeckt (/BrFr76/).

Messungen haben ergeben, daß Leitungen ohne Verbindung mit der Stromversorgung binnen einiger Millisekunden ihre Ladung verlieren und das Signal "0" tragen /Ride79/. Daher können unterbrochene Eingangsleitungen eines schaltenden Netzes und auch ein stets sperrender Lasttransistor als Haftfehler an 0 (s-a-0) modelliert werden.

Diese Überlegungen gelten jedoch nicht in nMOS "pass transistor"-Netzen (pt-Netzen), wo durch offene Leitungen oder Transistoren sequentielles Verhalten induziert werden kann (Bild 1.3).

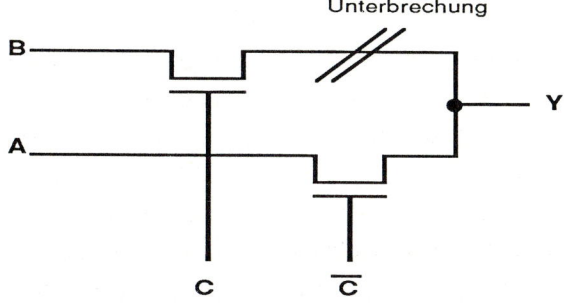

Bild 1.3:   Fehlerhafter Multiplexer in pt-nMOS

Ohne die eingezeichnete Leitungsunterbrechung übernimmt Y den Wert von B, falls C auf "1"
liegt, und sonst den Wert von A. Ist der Multiplexer jedoch fehlerhaft, und ist C="1", so behält
Y seinen alten Wert. Die Tabelle 1 gibt das Verhalten des Multiplexers im fehlerhaften und im
fehlerfreien Fall an:

A	B	C	$Y(t+\delta)$	$Y_f(t+\delta)$
0	0	0	0	0
0	0	1	0	$y_f(t)$
0	1	0	0	0
0	1	1	1	$y_f(t)$
1	0	0	1	1
1	0	1	0	$y_f(t)$
1	1	0	1	1
1	1	1	1	$y_f(t)$

Tabelle 1:   Funktion eines fehlerhaften und fehlerfreien Multiplexers mit nMOS-"Pass-
Transistoren".

Auch bei Schaltungen in statischer CMOS Technologie führen offene Leitungen ("stuck open")
zu sequentiellem Verhalten /Wads78/. Bild 1.4 (Seite 15) zeigt den prinzipiellen Aufbau eines
CMOS-Gatters.

SN1 ist hier ein schaltendes Netz aus pMOS-Transistoren, und SN2 ein schaltendes Netz aus
nMOS-Transistoren. Für alle Eingangsbelegungen $(x_1,...,x_n)$ erfüllen die beiden zugehörigen
Transmissionsfunktionen $\sigma_1(x_1,...,x_n) \neq \sigma_2(x_1,...,x_n)$. Falls im Fehlerfall
$\sigma_1(x_1,...,x_n) = \sigma_2(x_1,...,x_n) = 1$ vorkommt, führt dies zu einem Kurzschluß zwischen
Stromversorgung und Masse und kann je nach dem Widerstand beider Netze unterschiedliche
Konsequenzen auf die logische Funktion haben.

Gut erkennbar ist der Fehler, falls der Widerstand des fehlerhaften Netzes ausreichend klein ist
und der Gatterausgang tatsächlich einen falschen logischen Wert annimmt. Schwerer zu testen
sind fehlerhafte Netze mit hohem Widerstand, da sich hier der Ausgang auf den richtigen logischen Wert einpegelt, aber das gesamte Gatter als "pull up"- oder "pull down"-Element arbeitet.
Dieser Arbeitsmodus ist langsamer, der Geschwindigkeitsverlust ist abhängig vom Verhältnis
zwischen dem Widerstand des betrachteten Netzes im fehlerfreien und im fehlerhaften Fall. Hier
bietet sich ein Hochgeschwindigkeitstest an, der u. a. durch Selbsttesttechniken zu erreichen ist.

Falls aber für eine Eingangsbelegung $\sigma_1(x_1,..,x_n) = \sigma_2(x_1,..,x_n) = 0$ vorkommt, erhält der Gatterausgang weder zur Versorgungsspannung noch zu Masse eine Verbindung, sondern behält seinen vorhergehenden logischen Wert bei. Es ergibt sich dadurch *sequentielles* Verhalten im Fehlerfall.

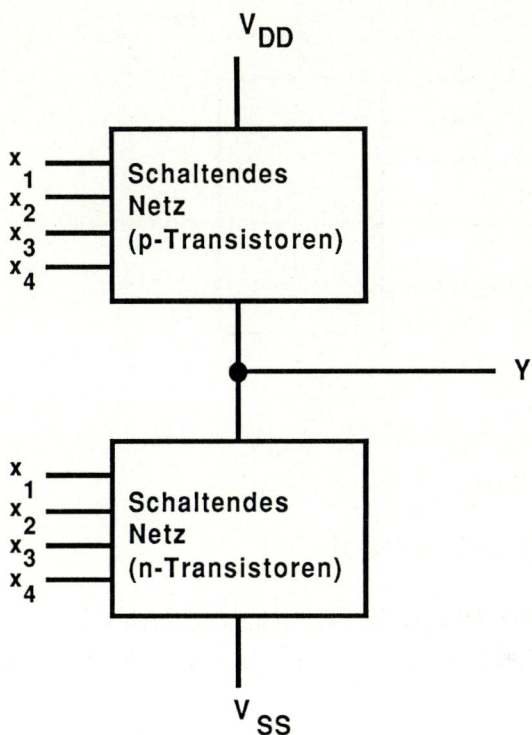

Bild 1.4:   CMOS-Gatter

Bei statischem CMOS (Bild 1.4) muß die beabsichtigte logische Funktion des Gatters stets zweimal implementiert werden, zum einen als schaltendes Netz in p-Transistoren und zum anderen invers als schaltendes Netz in n-Transistoren. Diese doppelte Implementierung der Funktion kann bei *dynamischem (Domino-)CMOS* wieder eingespart werden (Bild 1.5). Ein weiterer Vorteil ist, daß das angenommene physikalische Fehlermodell bei Domino-CMOS kein sequentielles Verhalten hervorruft (/BARZ84/, /KoOk84/).

Es werden durch den Takt Φ ein p-Kanal- und ein n-Kanal-Transistor gesteuert. Zum Zeitpunkt $\neg\Phi$ wird ein interner Knoten Y über den p-Transistor geladen und zum Zeitpunkt Φ durch das schaltende Netz SN und durch den n-Transistor entladen. Der gültige Ausgang Z ist der invertierte Wert von Y. Die logische Funktion eines Domino-Gatters entspricht exakt der Transmissionsfunktion von SN.

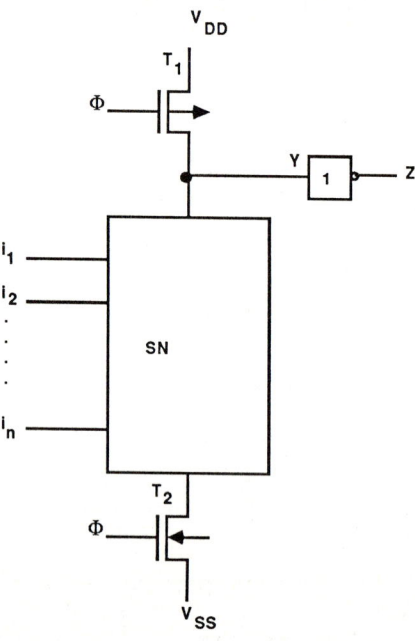

Bild 1.5:   Gatter in Domino-CMOS

Ein Schaltnetz aus Domino-Gattern wird durch einen einzigen Takt gesteuert (Bild 1.6).

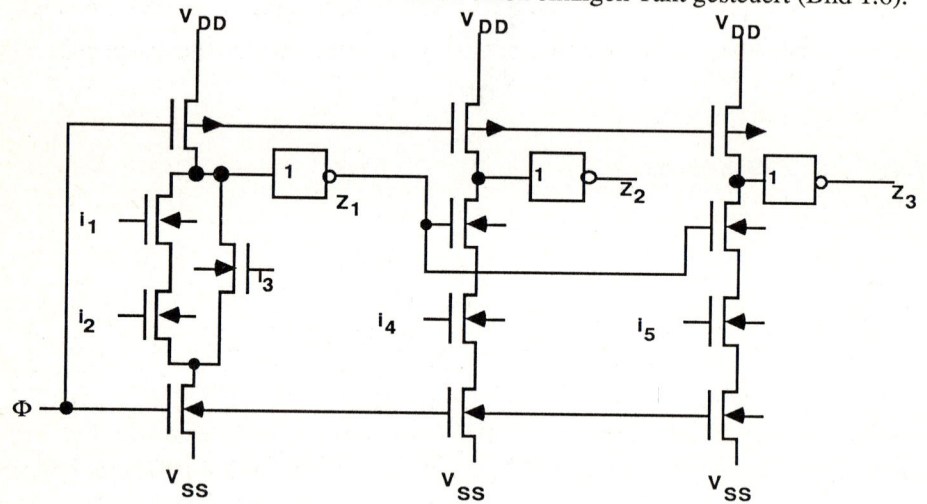

Bild 1.6:   Schaltnetz aus Domino-Gattern

Während ¬Φ sind die Ausgänge aller logischen Gatter auf niedriger Spannung, folglich kann zum Zeitpunkt Φ die Spannung eines Knotens nur steigen oder unverändert bleiben. Dies hat auf die Testbarkeit wesentlichen Einfluß, da keine Signalwettläufe entstehen können.

In (/BARZ84/, /KoOk84/) wurde gezeigt, daß die erwähnten Fehlerannahmen bei Domino-CMOS nicht zu sequentiellem Fehlverhalten führen. Für Fehler innerhalb des schaltenden Netzes wurde dies bereits erwähnt. Es sind also noch die folgenden vier Fehler an den Transistoren T_1 und T_2 nach Bild 1.5 zu unterscheiden.

1) T_1 ist ständig offen.

        Dann wurde Y noch nie geladen, und es entsteht für Z ein Haftfehler an "1".

2) T_1 ist ständig geschlossen.

        Hier sind zwei Fälle zu unterscheiden:

        a)   Der Widerstand von T_1 ist sehr viel kleiner als der Widerstand von T_2 und
                des schaltenden Netzes zusammen.

        Dann wird Y nie entladen, und Z ist stets "0".

        b)   Andernfalls braucht Y längere Zeit bis zur Entladung. Durch einen Hochge-
                schwindigkeitstest kann dies als ein Haftfehler an "0" erkannt werden.

3) T_2 ist ständig offen.

        Dann kann Y nicht entladen werden, und Z bleibt stets "0".

4) T_2 ist ständig geschlossen.

        Dieser Fehler kann auf der logischen Ebene nicht modelliert werden, da zum Zeit-
        punkt ¬Φ alle Eingänge i_i, die ja Ausgänge anderer Domino-Gatter sind, auf "0"
        liegen, und daher auf keinen Fall ein leitender Pfad von Y zu V_{ss} existiert. Da je-
        doch die Eingangssignale mit unterschiedlichen Verzögerungszeiten eintreffen kön-
        nen, ist das exakte Verhalten des Gatters für diesen Fehler nicht zu bestimmen. Der
        Fehler kann unentdeckt bleiben, da der Transistor T_2 nicht aus logischen Gründen,
        sondern wegen des Zeitverhaltens eingefügt ist.

Domino-CMOS hat also nicht nur die Vorteile des kleineren Flächenbedarfs, der Vermeidung von Hazards und Signalwettläufen, sondern es kommt auch mit einem kombinatorischen Fehlermodell aus.

Ähnliches trifft auf dynamische nMOS-Schaltungen zu. Während Schaltungen aus statischen "pull-down"-Gattern in nMOS hohe Verlustleistungen haben können, zeichnen sich Realisierungen in dynamischem nMOS durch geringere Leistungsaufnahme bei gleichzeitig erhöhter Geschwindigkeit aus. Bild 1.7 zeigt das Prinzip eines solchen Gatters:

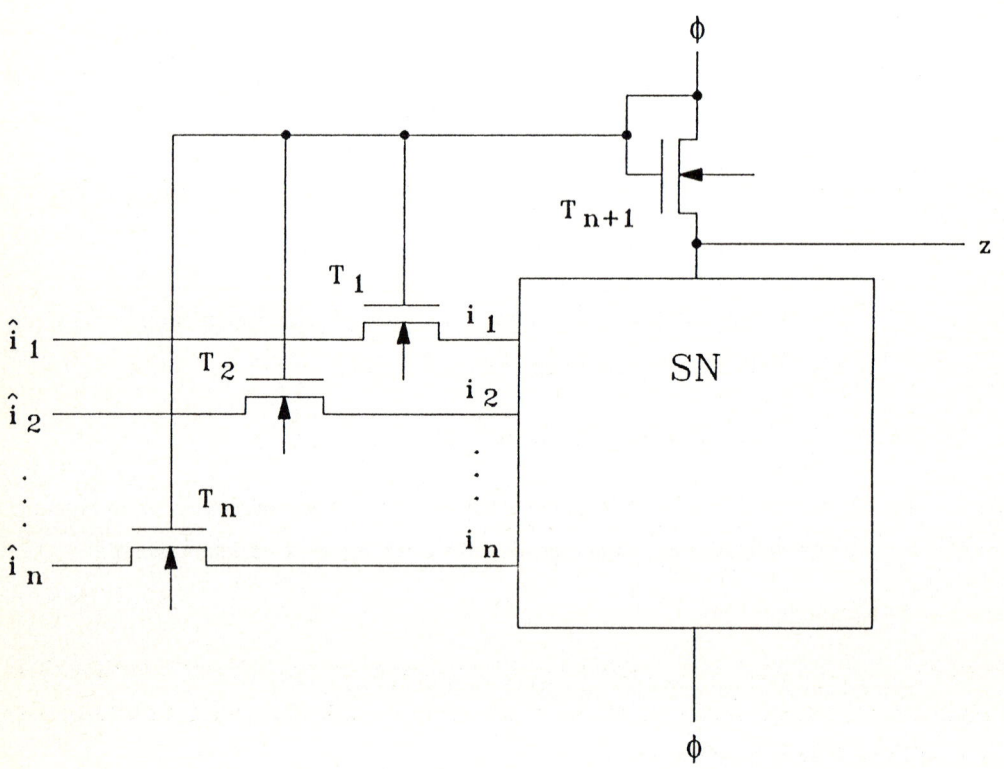

Bild 1.7:   Prinzipieller Aufbau eines Gatters in dynamischem nMOS

Ein Gatter in dynamischem nMOS besteht aus einem schaltendem Netz, dessen beide Enden mit demselben Takt Φ verbunden sind. Die Eingänge werden ebenfalls durch diesen Takt gesteuert. Wenn Φ aktiv ist, wird der Gatterausgang z vorgeladen, und die Eingänge des Gatters erhalten eine Ladung entsprechend ihrem logischen Wert. Geht Φ auf "0", so wird T_{n+1} gesperrt, und z wird genau dann entladen, wenn die Transmissionsfunktion von SN wahr ist. Die logische Funktion eines Gatters in dynamischem nMOS ist daher invers zu seiner Transmissionsfunktion.

Die Eingänge eines Gatters werden genau in dem Moment blockiert, wenn sein Ausgang einen gültigen Wert annimmt. Daher muß man zwei nichtüberlappende Takte verwenden, wenn man aus dynamischen nMOS-Gattern ein Schaltnetz aufbauen will (Bild 1.8).

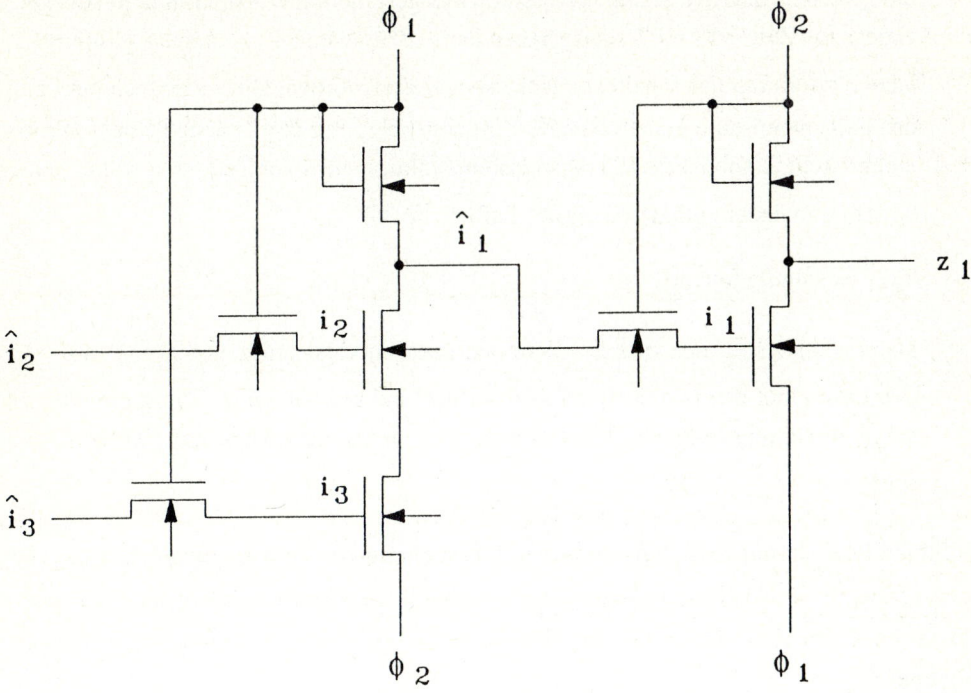

Bild 1.8:   Schaltnetz in dynamischem nMOS

Der Autor hat in /WuRo86/ gezeigt, daß die genannten physikalischen Fehlerannahmen auch bei Gattern in dynamischem nMOS nur zu kombinatorischem Fehlverhalten führen können. Hier sei diese Untersuchung kurz skizziert:

1)   Einer der Transistoren T_i, i=1,...,n ist ständig gesperrt.

         Dann wurde der Knoten i_i noch nie geladen, was sich als Haftfehler an "0" auswirkt.

2)   Einer der Transistoren T_i, i=1,...,n ist ständig leitend.

         Während $\neg\Phi_1$ existiert von $\hat{i}_i$ nach i_i ein leitender Pfad, und zur gleichen Zeit ist auch der Takt Φ_2 aktiv und lädt i_i. Also wird der Ausgang z entladen, wenn für die Transmissionsfunktion $t(i_1,..,1_i,...,i_n) = 1$ gilt. Dies entspricht einem Haftfehler an "1".

3) T_{n+1} ist ständig gesperrt.

Wir haben bereits erwähnt, daß eine Leitung nach einigen Millisekunden ihre Ladung verliert und das Signal "0" erhält. Dies geschieht hier auch mit dem Ausgang z, da z zur Zeit $\neg\Phi_1$ nie Ladung haben kann, denn wenn T_{n+1} ständig gesperrt ist, kann z nur durch das schaltende Netz SN geladen werden. Dies ist jedoch nur dann der Fall, wenn eine entsprechende Eingangsbelegung die Transmissionsfunktion wahr macht. Dann ist diese Transmissionsfunktion auch zur Zeit $\neg\Phi_1$ wahr, und z wird dann wieder entladen. Folglich haftet z an "0".

3) T_{n+1} ist ständig leitend.

Dann erhält z natürlich stets den Wert des Taktes und ist zum Zeitpunkt Φ_1 auf "0". Wir haben hier den interessanten Sachverhalt, daß sowohl ein ständig sperrender als auch ein ständig leitender Transistor T_{n+1} zu demselben logischen Fehlverhalten führen.

Folglich führen Realisierungen in dynamischem MOS nicht nur zu Verbesserungen des Zeitverhaltens, zu geringerer Verlustleistung oder zu kleinerem Flächenbedarf, sondern sie erhöhen zugleich auch die Testbarkeit der Schaltung durch den weitgehenden Ausschluß sequentiellen Fehlverhaltens.

Alle Untersuchungen in den folgenden Kapiteln gelten für ein Fehlermodell, das beliebige *kombinatorische* Fehlfunktionen der logischen Gatter zuläßt und somit die Fehlermöglichkeiten der meisten bipolaren und MOS-Technologien weitgehend abdeckt. Der einfacheren Darstellung wegen werden die Algorithmen stets nur anhand des Haftfehlermodells erklärt, sie sind jedoch auf der Grundlage des allgemeinen Fehlermodells implementiert.

Das sequentielle Fehlverhalten von Schaltungen in statischer CMOS-Technologie oder von nMOS "pass transistor"-Netzen wurde nicht berücksichtigt, zumal sich in der Literatur bereits Ansätze finden, wie es durch mehrfache Anwendung von Tests für kombinatorische Fehler erkannt werden kann (/Chan83/, /ChVr83/, /REDD84/).

1.3 Testbarkeitsmaße und Testregeln

Für den Test einer Schaltung unter Annahme eines gegebenen Fehlermodells sind Eingangsbelegungen gesucht, bei denen die Schaltung im Fehlerfall anders antwortet als im fehlerfreien Fall. Als geeignete Verfahren wurden hierfür der D-Algorithmus, Pfad-Sensibilisierungsverfahren, die Methode der Booleschen Differenzen u. a. m. vorgeschlagen (vgl. z. B. /Görk73/). Es hat sich jedoch gezeigt, daß so nur kleinere Schaltungen zu behandeln sind und daß bereits bei Schaltungen mittlerer Komplexität die Effizienz dieser Algorithmen nicht mehr ausreicht, um den Test in akzeptabler Zeit zu erzeugen.

Die Testerzeugung wird erleichtert, wenn bereits während des Entwurfs die folgenden Faustregeln beachtet werden:

- Die Schaltung sollte rein synchron sein.

- Alle speichernden Elemente sollten leicht initialisierbar sein.

- Die sequentielle Tiefe der Schaltung sollte nicht zu groß sein.

- Daten- und Taktleitungen sollten nicht verknüpft werden.

- Analoge und digitale Teile sind auf dem Chip getrennt zu halten und zu beobachten.

Eine umfassendere Aufzählung findet sich zum Beispiel in /Benn84/. Falls die Testerzeugung dennoch nicht möglich ist, kann man mit einem "Testbarkeitsmaß" versuchen, Schaltungsgebiete von geringer Beobachtbarkeit oder Steuerbarkeit zu finden, um dann zusätzliche Elemente zu integrieren, die nur zur Unterstützung des Tests betrieben werden /Fike75/.

Zur Bewertung der Testbarkeit wurden aus der Systemtheorie die Begriffe "Beobachtbarkeit" und "Steuerbarkeit" entlehnt und auf digitale Systeme angewendet /Gold79/. Eine Schaltung wird im folgenden als ein gerichteter Graph aufgefaßt, dessen Knoten die Ausgänge der elementaren Bauelemente und der primären Eingänge sind. Zwei Knoten A und B bilden dann eine Kante, wenn A an einen Eingang des zu B gehörenden Elements angeschlossen ist.

Die *Steuerbarkeit* eines Knotens versucht zu quantifizieren, welcher Aufwand getrieben werden muß, um einen Knoten auf "0" und auf "1" zu setzen.

Die *Beobachtbarkeit* eines Knotens versucht zu quantifizieren, wie gut sein jeweiliger logischer Wert an einem primären Ausgang der Schaltung erkannt werden kann.

Die meisten der vorgeschlagenen Testbarkeitsmaße bestimmen diese beiden Maßzahlen dadurch, daß sie mit linearem Aufwand die Zahl derjenigen Knoten schätzen, denen ein Testerzeugungsalgorithmus einen Wert zuweisen muß, damit der untersuchte Punkt beobachtet oder gesteuert werden kann (TESTSCREEN in /Kovi79/, TMEAS in /Gras79/, SCOAP in /GoTh80/, ITTAP in /GoMc82/, HECTOR in /Tris84/, u. a. m; einen ähnlichen, modifizierten Ansatz verwirklicht CAMELOT /BENN81/). Es hat sich jedoch gezeigt, daß diese Maße den tatsächlichen Testaufwand nur mit geringer Zuverlässigkeit vorhersagen können (/AgMe82/, /MeUn84/).

Andere Ansätze zur Bewertung der Testbarkeit fassen eine Schaltung als Kanal zur Übertragung von Information auf und benutzen den Shannonschen Entropiebegriff, um eine entsprechende Maßzahl festzulegen (/Duss78/, /FoFu82/).

Allen erwähnten Testbarkeitsmaßen ist gemeinsam, daß sie nicht versuchen, den Aufwand für einen bestimmten, vorgegebenen Testerzeugungsalgorithmus zu schätzen, sondern daß sie ihre Maßzahlen unabhängig von der Teststrategie bestimmen.

Trotz des sehr begrenzten Wertes ihrer Aussagen dienen sie beim manuellen Entwurf nach wie vor als Entscheidungshilfe für Schaltungsmodifikationen zur Verbesserung der Testbarkeit. Diese können beispielsweise darin bestehen, mit Multiplexern die Schaltung für den Testbetrieb zu partitionieren, durch Testpunkte solche Knoten zu beobachten oder zu setzen, für die dies im Normalbetrieb schlecht möglich ist, oder Speicherelemente von außen zugänglich zu machen. Einen Überblick über Ad-hoc-Maßnahmen zur Modifikation geben Muehldorf /MuSa81/ und Bennetts /Benn84/, ein System zur Unterstützung des manuellen Entwurfs durch ein Testbarkeitsmaß hat Trischler vorgeschlagen /Tris84b/.

Auch synthetisierte Schaltungen müssen Testregeln einhalten. Für das Synthesesystem CADDY, worin Testverfahren im Rahmen dieser Arbeit integriert wurden, gilt (/WuKu85b/, /Rose84/ pp. 27):

-       Die erzeugten Schaltungen sind rein synchron;

-       Takt, Datenpfad und Steuerung, Verarbeitungs- und Speicherfunktionen sind jeweils getrennt in verschiedenen Komponenten untergebracht;

-       alle Speicherelemente sind initialisierbar;

-       weitestmöglicher Verzicht auf Redundanz;

-       Schaltnetzrealisierungen werden bevorzugt.

Wenig sinnvoll ist es, synthetisierte Entwürfe durch Ad-hoc-Maßnahmen zu verbessern, denn es ist in der Regel effizienter, Schaltungen gleich testbar zu synthetisieren, statt sie nach der Konstruktion weiter zu ergänzen. Die Teststrategie ist bereits bei der Synthese bekannt, so daß der Testaufwand weit genauer abgeschätzt werden kann, als es mit allgemeinen Testbarkeitsmaßen möglich ist. Daher sollte die Schaltungsstruktur gezielt so synthetisiert werden, daß für die gewählte Teststrategie der Mehrverbrauch an aktiver Fläche und die Beeinträchtigungen der Leistung und des Zeitverhaltens möglichst gering bleiben .

1.4 Teststrategien für synthetisierte Schaltungen

Im Unterschied zu den eben diskutierten Ad-hoc-Maßnahmen zur Verbesserung der Testbarkeit werden in diesem Abschnitt wichtige Methoden des systematischen Entwurfs testbarer Schaltungen vorgestellt. Diese Methoden werden auch dahingehend untersucht, wie sie bei der Schaltungssynthese eingesetzt werden können. Der Stand der Wissenschaft auf diesem Gebiet wird kurz umrissen, und einige Vorteile des Zufallstests werden aufgezählt.

Zu einer Teststrategie für eine integrierte Schaltung gehören ein Fehlermodell, das durch den Test abgedeckt werden soll, ein Verfahren, Testmuster für diese Fehler zu erzeugen, und Entwurfsrestriktionen, welche die Fehlerentdeckung erleichtern sollen.

1.4.1 Das Scan Design

Im allgemeinen ist die deterministische Testerzeugung für große Schalt*werke* (Bild 1.9) nicht effizient durchführbar. Daher zwingt die Entscheidung für den deterministischen Test den Entwerfer dazu, so strukturiert zu entwerfen, daß nur für Schaltnetze Tests erzeugt werden müssen. Derartige Entwurfsmethoden werden unter dem Begriff "Scan Design" zusammengefaßt.

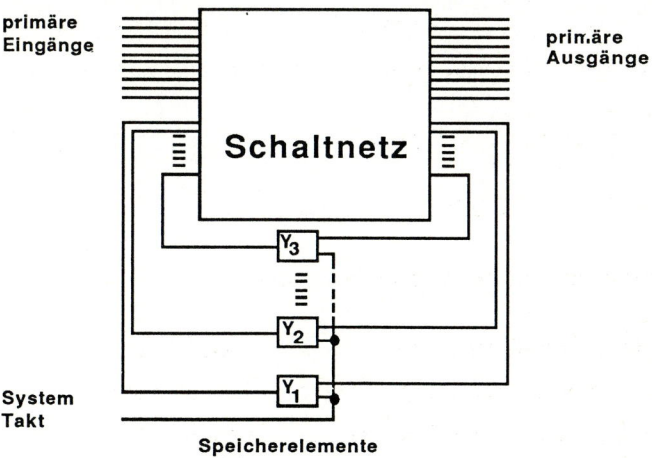

Bild 1.9:   Allgemeines Modell einer synchronen Schaltung

Den ersten Ansatz dieses Scan Designs publizierte 1973 M.J.Y. Williams als Prüfpfad /AnWi73/. Wie in Bild 1.9 dargestellt, wird die Schaltung getrennt für den kombinatorischen Teil und für ihre Speicherelemente betrachtet.

Das Prinzip des Prüfpfades zeigt Bild 1.10. Vor jedes Speicherelement wird ein Multiplexer geschaltet. Alle Multiplexer haben die gemeinsame Steuerung "Scan Select", die bestimmt, ob das Speicherelement mit dem Wert am zugehörigen Ausgang des Schaltnetzes oder mit dem Wert des vorangehenden Speicherelementes geladen wird. In diesem Fall bilden dann alle Speicherelemente ein einziges Schieberegister, das durch "Scan Dateneingang" seriell geladen und an "Scan Datenausgang" seriell ausgelesen werden kann. Ist "Scan Select" gleich "0", trennen die Multiplexer das Schieberegister auf, und die Speicherelemente Y_1 bis Y_n werden mit dem Schaltnetz verbunden.

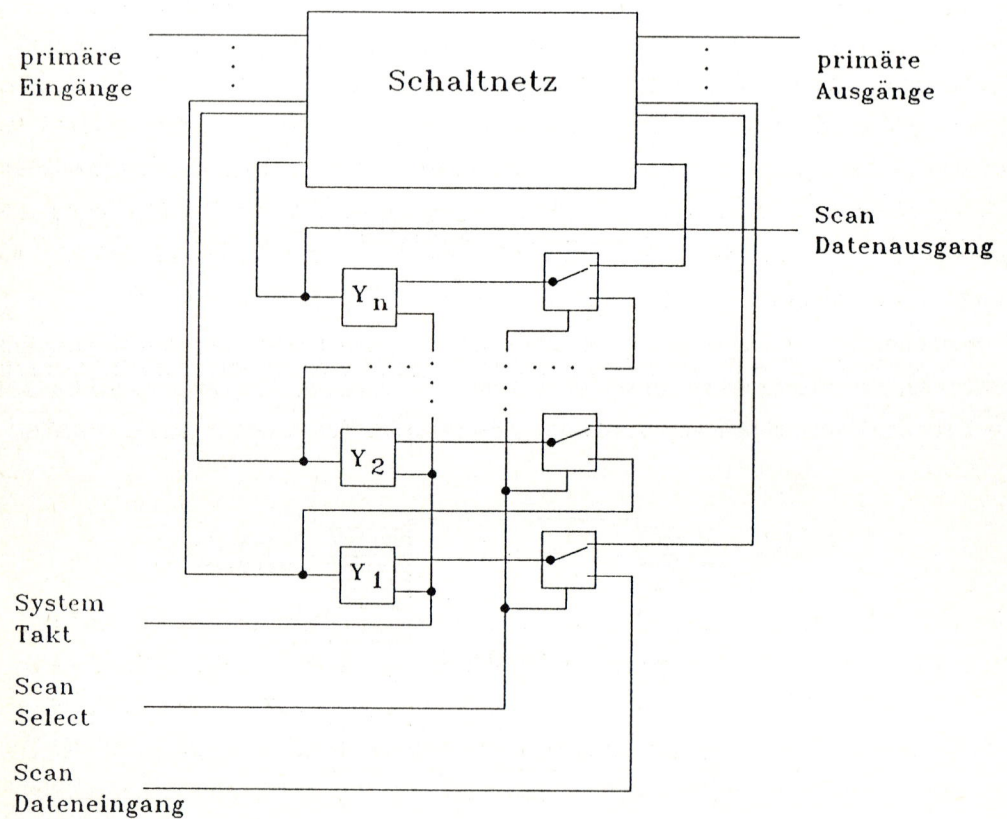

Bild 1.10: Prinzip des Prüfpfads

Der Test einer Schaltung im Scan Design besteht aus einem üblichen Register-Test (vgl z.B. /BrFr76/) und dem Test für den kombinatorischen Teil der Schaltung, also das Schaltnetz.

Jedes Testmuster für das Schaltnetz wird in das Schieberegister geschoben (Scan Select gleich "1"), dann werden die Antworten des Schaltnetzes parallel in die Speicherglieder übernommen ("Scan Select" gleich "0") und schließlich werden zugleich die Antworten des Schaltnetzes aus dem Register heraus- und ein neues Muster hineingeschoben. Die Testzeit kann infolgedessen beträchtlich sein, da jedes Testmuster seriell einzugeben ist.

Offensichtlich funktioniert diese Konstruktion nur dann sicher, wenn als Speicherelemente ausschließlich Master-Slave Flipflops zugelassen sind. Dies führt zusammen mit den Multiplexern zu großem Flächenverbrauch und zu geringer Flexibilität beim Entwurf. Neuere Ansätze des Scan Design versuchen deshalb, beides zu optimieren. Das von IBM entwickelte "Level Sensitive Scan Design" (LSSD) läßt auch den Einsatz von "Latches" zu /EiWi77/, und die Angaben über den Mehrverbrauch an Chipfläche eines LSSD-Entwurfs reichen von 1.3 % bis 20 % (/EiLi83/, /EiWi77/).

Der von Fujitsu entwickelte Prüfbus (Random Access Scan, RAS) gestattet es, jedes Speicherelement getrennt zu adressieren, zu setzen und zu beobachten /Ando80/. Mit der Scan/Set-Logik von Sperry-Univac können bei höherem Flächenaufwand nicht nur Register, sondern auch ausgewählte Knoten des Datenpfades gesetzt und beobachtet werden /Stew78/. Bewertungen der verschiedenen "Scan Design"-Techniken geben Williams und Parker in /PaWi82/ und McCluskey in /McCl84/.

Alle Versionen des Scan Design haben gemeinsam, daß nur noch für Schaltnetze Tests erzeugt werden müssen.

1.4.2 Tests für Schaltungen im Scan Design

Die aus dem Scan Design resultierenden Schaltnetze werden unter Umständen so groß, daß sie mit den klassischen Testalgorithmen nicht mehr zu behandeln sind. Moderne Testerzeugungsverfahren für Schaltnetze reduzieren die Testerzeugung auf eine DEPTH-FIRST-Suche, die von heuristischen Funktionen gesteuert wird (vgl. PODEM /Goel81/, /GoRo81/ oder FAN /FuSh83/). Auch diese Verfahren sind noch sehr rechenzeitaufwendig und können bei hoch integrierten Schaltungen Rechenzeiten in der Größenordnung von Tagen benötigen /Goel82/.

Wesentlich effizientere Algorithmen für die Testerzeugung sind nicht zu erwarten. Dies verdeutlicht folgender Sachverhalt:

SATZ 2.1 (IBARRA, SAHNI 1975): Das Problem, festzustellen, ob ein Schaltnetz redundante Teile enthält, ist NP-vollständig bzgl. der Zahl der primären Eingänge /IbSa75/.

Daher ist auch die Testerzeugung NP-hart, denn ein Testmuster existiert für einen Fehler genau dann, wenn der entsprechende Anschluß nicht redundant ist. Selbst bei starken zusätzlichen Anforderungen an die Struktur des Schaltnetzes bleibt das Problem NP-vollständig /FuTo82/. Dies setzt dem Versuch Grenzen, bei steigender Komplexität der Schaltungen deterministisch Testmuster zu erzeugen, selbst wenn im Scan Design entworfen wurde.

Auch die Anwendung deterministisch erzeugter Tests für Schaltungen im Scan Design ist sehr aufwendig, da besonders große Mustermengen in hoher Geschwindigkeit eingebracht werden müssen. Das erfordert Hochleistungstestgeräte mit spezieller Ausstattung zur Ansteuerung eines Prüfpfades.

Abhilfe ist möglich, wenn die Schaltung die deterministischen Testmuster selbst erzeugt und auswertet. Hierzu wurden verschiedene Ansätze vorgeschlagen. Die Tests können direkt oder codiert in einem ROM abgelegt werden (/AgCe81/, /AbCe82/), oder ein nichtlineares Schieberegister kann ähnlich wie bei einem BILBO (s.u.) die Muster erzeugen. Die erste Lösung verlangt eine größere Zusatzfläche des Chips zu Testzwecken, während bei dem zweiten Ansatz neben dem NP-vollständigen Problem der Testmusterberechnung noch das NP-vollständige Problem der Konstruktion des jeweils geeigneten nichtlinearen Schieberegisters gelöst werden muß /Daeh83/.

Jedoch lassen sich Schaltungen im Scan Design auch mit Zufallsmustern testen, was Testerzeugung und -anwendung wesentlich erleichtert (/EiLi83b/, /MOTI83/). Scan Design läßt sich ohne großen Aufwand bei der Synthese verwirklichen, da statt normaler Speicherelemente nur für das jeweilige Scan Konzept geeignete Speicherzellen verwendet werden müssen. Die Reihenfolge, in der diese Elemente zu einem Pfad geschaltet werden, bestimmt sich erst am Ende des Entwurfsprozesses aus der Plazierung. Auf diese Weise arbeitet z. B. eine bereits angekündigte Version des Layout-Werkzeugs VENUS /GeNe84/. Scan Design mit Zufallstest war die erste in das Synthesesystem CADDY integrierte Teststrategie /WuKu85b/.

1.4.3 Synthese regulärer Strukturen

Manche Algorithmen lassen sich auf einem Chip auch in Form iterativer logischer Arrays (ILA) verwirklichen. Ein ILA ist eine digitale Schaltung, die aus einem regulären Feld gleicher Zellen besteht. Ein ILA heißt C-testbar (/Frie73/, /FeSh83/), wenn die Zahl der Testmuster unabhängig von der Zahl der Zellen ist, d. h. die Zahl der Testmuster ungeachtet der Größe und Datenbreite der realisierten Schaltung konstant bleibt.

Die Zellen selbst brauchen keine Schaltnetze zu sein. Bei den sogenannten *systolischen Arrays* bestehen sie im allgemeinem aus Schaltwerken. Es kann gezeigt werden, daß man mit einem gewissen Mehraufwand die Zellen jeder ILA so konstruieren kann, daß sie C-testbar werden /HaSr81/.

Schaltungen in Bitscheiben-Architektur sind ein Spezialfall hiervon. Eine solche Schaltung heißt I-testbar, wenn Tests gefunden werden können, bei denen die Antworten aller Bitscheiben identisch sind. Die Testauswertung reduziert sich dann auf einfaches Vergleichen. Es wurde ebenfalls gezeigt, daß sich jede Bitscheiben-Architektur CI-testbar machen läßt /HaSr81/. Derartige Schaltungen können auf einfache Weise für den Selbsttest ausgerüstet werden /AbCe83/.

Die Realisierung eines Schaltnetzes als PLA kann ebenfalls eine bedeutende Steigerung der Regularität und Verbesserung der Testbarkeit mit sich bringen, falls das PLA noch durch Zusatzausstattungen ergänzt wird /DaMu81/.

Allerdings sind die Einsatzmöglichkeiten regulärer Strukturen beschränkt. Auch sind der Entwurfsaufwand und die Mehrkosten an Fläche, um CI-testbare Strukturen zu realisieren, mitunter beträchtlich. Weiter können die notwendigen Modifikationen die Leistung und das Zeitverhalten der Schaltung deutlich verschlechtern, so daß die vorgegebene Spezifikation mit dieser Teststrategie nicht einzuhalten ist. Schließlich vereinfachen einige der genannten Vorschläge zwar die Testerzeugung und reduzieren auch den Testmusterumfang, benötigen aber dennoch Hochleistungsprüfautomaten.

Der Einsatz solcher Strukturen ist jedoch in vielen Einzelfällen möglich und sinnvoll. Künftige Forschungsaktivitäten können die Anwendungsfelder der Logiksynthese erweitern, wenn sie auch die Erzeugung der jeweils besonders geeigneten regulären Strukturen ermöglichen.

1.4.4 Testerzeugung aus der Funktionsbeschreibung

Ist die Beschreibung der Schaltungsfunktion in einer programmiersprachlichen Form gegeben, lassen sich zur Testerzeugung auch solche Verfahren anwenden, die nur die vorkommenden Operationen, Verzweigungen, Schleifen usw. testen. Einen Überblick über die Methoden funktionaler Testerzeugung gibt /LiSu84/.

Für die Eingabesprache von CADDY, DSL, schlug R. Weber eine entsprechende Testerzeugung vor /Webe86/. Ein derartiges Verfahren bietet den Vorteil, ein Prüfprogramm effizient erzeugen zu können, ohne auf die Kenntnis der tatsächlich implementierten oder synthetisierten Struktur angewiesen zu sein. Nachteilig ist jedoch, daß man nach der Durchführung eines solchen Tests keine Angaben über die tatsächlich erzielte Fehlererfassung für ein technologieabhängiges Fehlermodell machen kann. Falls eine bestimmte Produktqualität mit großer Zuverlässigkeit einzuhalten ist, muß deshalb ein technologieabhängiger oder gar ein vollständiger Test eingesetzt werden. Weiter löst der Funktionstest trotz seiner einfachen und kostengünstigen Erzeugung nicht das Problem der Testdurchführung mit Hochleistungsprüfautomaten. Daher ist auch diese Teststrategie für synthetisierte Schaltungen nur für einen Teil möglicher Anwendungen geeignet.

Auch bei einer Einschränkung auf *Schaltnetze* ist ein Einsatz der funktionalen Testerzeugung in der Synthese kaum sinnvoll. Derartige Verfahren wurden am Institut für Informatik IV der Universität Karlsruhe in Dissertationen von Boctor /Boct80/ und Chen /Chen84/ entwickelt, um für Bausteine mit unbekannter innerer Struktur Tests zu generieren. Dies ist eine Situation, wie sie für den Wareneingangstest oder für den Test von bestückten Leiterplatten typisch ist. In jenen Arbeiten werden Boolesche Funktionen in disjunktive Formen umgewandelt und anschließend für Literalfehler Tests konstruiert. Dies verlangt keinen geringeren Aufwand als die Testerzeugung aus der Struktur selbst, letztere ist aber an ein strukturorientiertes Fehlermodell angepaßt. Da während der Schaltungssynthese sowohl die generierte Struktur als auch zumeist die Technologie bekannt sind, ist es nicht sinnvoll, während der Testerzeugung auf diese zusätzliche Information zu verzichten.

1.4.5 Der Test mit Zufallsmustern

Angesichts der rasch wachsenden Kosten bei deterministischen Teststrategien für Schaltungen hoher Komplexität gewinnt der Test mit Zufallsmustern zunehmend an Bedeutung.

Das Vorgehen bei dieser Teststrategie ist denkbar einfach: An die Schaltung oder an einzelne Schaltungsteile wird eine größere Menge zufällig erzeugter Muster angelegt, und die Antworten werden mit den Sollantworten verglichen. Weichen sie nicht von den korrekten Antworten ab, die z. B. anhand einer Simulation bestimmt wurden, so nimmt man für die Schaltung Fehlerfreiheit an. Diese Teststrategie bietet einige wichtige Vorteile:

-       Die rechenzeitintensive deterministische Testmusterberechnung entfällt.

-       Die Zufallsmuster können bei der Testdurchführung auf einfache Weise erzeugt werden: Linear rückgekoppelte Schieberegister führen eine Polynomdivision aus, wobei das Polynom durch die lineare, rückkoppelnde Funktion bestimmt wird. Ist das Polynom primitiv, so nimmt ein n-stelliges Schieberegister im autonomen Verhalten 2^n-1 verschiedene Zustände an. Es läßt sich zeigen, daß die durch den Inhalt des Schieberegisters bestimmte Musterfolge wichtige Eigenschaften erfüllt, die für *zufällig* erzeugte Muster zu gelten haben /Golo67/.

Die Testdurchführung kann in deutlich höherer Geschwindigkeit geschehen. Dadurch können technologieabhängige Fehler leichter erkannt werden (/WuRo86/, /Tsai83/).

Eine Zufallsmustermenge, mit der die Fehler eines bestimmten Fehlermodells mit ausreichender Sicherheit erkannt werden, ist umfangreicher als eine deterministische Testmenge und deckt auch viele Fehler auf, die nicht im Fehlermodell berücksichtigt sind (z.B. Mehrfachfehler).

Die Auswertung der Testantworten kann mit einem Signaturregister erfolgen. Dies sind ebenfalls linear rückgekoppelte Schieberegister, in welche die Antworten eingespeist werden /LeWa83/. Sie lassen sich so konstruieren, daß Fehler im Testdatenstrom mit ausreichender Sicherheit erkannt werden können (/Leis82/, /HeLe83/).

Der Registerteil einer Schaltung läßt sich mit geringem Mehraufwand so modifizieren, daß er im *Selbsttest* die Testmuster für den kombinatorischen Teil der Schaltung sowohl erzeugen als auch auswerten kann. Hierfür wurden bereits zahlreiche Verfahren vorgeschlagen, am bekanntesten ist wohl das "BILBO" (Built-In Logic Block Observation /KOEN79/). Diese Schaltung kann auf verschiedene Arten betrieben werden: Sie kann im die normale Registerfunktion ausführen, wobei die Speicherelemente gegebenenfalls simultan zurückgesetzt werden können. Sie kann so angesteuert werden, daß sie als Schieberegister ähnlich einem Prüfpfad arbeitet, und sie kann als linear rückgekoppeltes Schieberegister konfiguriert werden, so daß Testmuster erzeugt und durch Signaturanalyse ausgewertet werden können.

Durch den geeigneten Einbau von BILBOs anstelle normaler Register zerfällt die Schaltung wie in Bild 1.11.

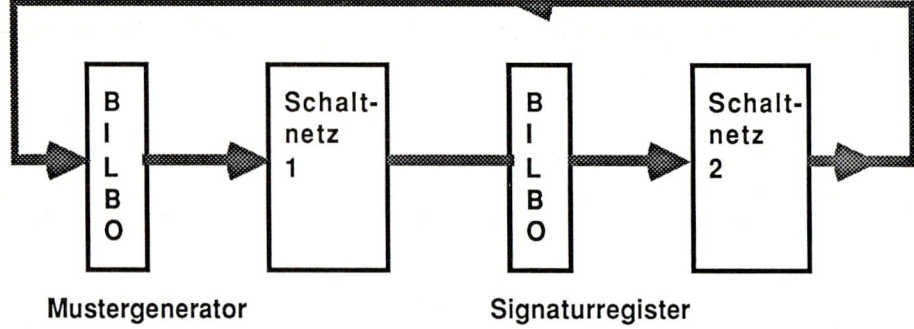

Bild 1.11: Partitionierung durch BILBOs

Während des Tests werden zuerst das linke BILBO als Zufallsgenerator und das rechte zur Signaturanalyse benutzt. Danach wird der Inhalt des rechten BILBOs ausgegeben, anschließend werden das rechte BILBO zur Erzeugung der Zufallsmuster und das linke zur Auswertung verwendet. Der Test der beiden Schaltnetze kann daher bei hoher Geschwindigkeit allein durch eine geeignete Steuerung der BILBOs durchgeführt werden.

Dieser Selbsttest kann als Produktionstest, als Wareneingangstest und auch im Feld durchgeführt werden.

Der Zufallstest wird hauptsächlich auf Schaltnetze angewendet, da sequentielle Schaltungen eine gesonderte Behandlung von Clear, Reset und anderen Steuerleitungen erfordern und Initialisierungssequenzen benötigen. Will man die Zufallsmuster für Schaltnetze extern durch ein Schieberegister erzeugen, so genügen ein Entwurf im Scan Design und eine geeignete Steuerung der Testdurchführung. Prüfpfad und BILBO lassen sich gleichermaßen einfach während der Synthese erzeugen.

Die notwendigen Modifikationen für den Zufallstest, BILBO oder Prüfpfad, können jedoch Leistung, Geschwindigkeit und Fläche der Schaltung so stark beeinträchtigen, daß die Schaltung evtl. bestimmten Forderungen nicht mehr genügt. Hinzu kommt, daß ein konventionell durchgeführter Zufallstest im Gegensatz zu einem deterministischen Test keine exakten Aussagen über die Überdeckung eines bestimmten Fehlermodells machen kann. Aus diesen Gründen ist insbesondere der konventionelle Zufallstest auch nicht für alle Schaltungsanforderungen geeignet.

Weitere Probleme sind die Bestimmung der Zahl der Zufallsmuster, die angelegt werden müssen, um mit einer geforderten Wahrscheinlichkeit Fehlerfreiheit annehmen zu können, und die

Existenz von Schaltungen, für die diese Zahl unwirtschaftlich groß wird. Dies sind z.B. Schaltungen, in denen Gatter mit sehr hohem Fan-In vorkommen. Für diese Probleme werden in der vorliegenden Arbeit Lösungen angeboten.

1.4.6 Der gegenwärtige Stand der Integration von Test und Synthese

Die Diskussion in den vorhergehenden Abschnitten hat verdeutlicht, daß es keine Teststrategie gibt, die für alle Schaltungsanforderungen gleichermaßen gut geeignet ist. Daher versuchen die modernen Silicon Compiler, möglichst viele Teststrategien bei der Layout-Erzeugung zu berücksichtigen. So wird der von GTE entwickelte Silicon Compiler SILC /BLAC85/ ein sogenanntes "Automatic Design for Testability (ADfT)" anbieten /FUNG85/, das die durch SILC generierten Strukturen um die notwendige Zusatzausstattung ergänzt, die zur Durchführung einer der in den vorhergehenden Kapiteln erwähnten Teststrategien nötig ist. Ein Regelsystem unterstützt den Benutzer bei der Auswahl der geeigneten Strategie für jeden Schaltungsteil. Das von CDC entwickelte Programm YASC (Yet Another Silicon Compiler) /KREK85/ wird durch ein ähnliches System des ADfT ergänzt /AGRA84/.

Für die Schaltungssynthese wird sich diese Aufgabe auch stellen, wenn es gelingt, für die ganze Bandbreite möglicher Anforderungen die geeigneten Schaltungen zu generieren.

Die Forschungsarbeiten über die automatische Erzeugung logischer Strukturen aus reinen Funktionsbeschreibungen an der Carnegie-Mellon University (/KoTh83/, /WaTh85/), in Berkeley /Newt85/ oder an der University of Southern California /Gran85/ konzentrieren sich auf die Entwicklung von Synthesetechniken, die auf möglichst schnelle Weise zu effizienteren Entwürfen führen sollen /Camp85/. Da dieselbe Funktionsbeschreibung auf mannigfaltige Art in konkrete Elemente abgebildet werden kann, ist die Suche nach einer optimalen Realisierung sehr aufwendig. Bei geeigneter Formalisierung läßt sich zeigen, daß dieses Problem NP-vollständig ist und sinnvoll nur approximativ angegangen werden kann (/SAHN80/, /CoSa83/). Die Integration von Test und Logiksynthese aus reinen Verhaltensbeschreibungen wurde bislang noch nicht eigenständig in der wissenschaftlichen Literatur behandelt.

Das aktuelle Anwendungsgebiet der Schaltungssynthese beschränkt sich derzeit auf das sogenannte "Rapid Prototyping", auf die schnelle Umsetzung von Algorithmen in Hardware, ohne daß Effizienz, Leistung und optimale Flächenausnutzung der Schaltung sehr wesentlich sind. Dieses Vorgehen ist sinnvoll, wenn ohnehin nur in kleineren Stückzahlen produziert oder die Schaltung vorab schnell auf den Markt gebracht werden soll. Bei kleinen Stückzahlen fällt aber auch der Aufwand zur Testerzeugung stärker ins Gewicht als die Mehrkosten an Silizium, die ein eingebauter Zufallstest erfordert. Hinzu kommt, daß die wohl vorwiegend kleineren Auflagen für synthetisierte Schaltungen den Einsatz von Hochleistungsprüfgeräten nicht rentabel machen.

Aus diesen Gründen erscheint beim derzeitigen Stand der Entwicklung der sogenannte "low cost"-Test für synthetisierte Schaltungen vordringlich. Die vorliegende Arbeit konzentriert sich daher auf den Zufallstest, da er hierfür besonders gut geeignet erscheint.

2 Grundlagen, Definitionen und Vorarbeiten

Im ersten Abschnitt dieses Kapitels werden Begriffe und elementare Sachverhalte für alle folgenden Untersuchungen bereitgestellt. Er gibt das Handwerkszeug, um das Ziel der vorliegenden Arbeit genauer formulieren und im letzten Teil von den bislang geleisteten Vorarbeiten abgrenzen zu können.

2.1 Grundlegende Sachverhalte und Definitionen

2.1.1 Schaltnetzanalyse

Die folgenden Untersuchungen werden sich im wesentlichen auf *Schaltnetze* beziehen. Ein *Schaltnetz* S ist ein gerichteter Graph ohne Zyklen mit den Knoten $K := <k_1,...,k_r>$. Besonders ausgezeichnete Knoten sind die primären Eingänge $I := <i_1,...,i_n>$ und die primären Ausgänge $O := <o_1,...,o_m>$. Alle anderen Knoten entsprechen entweder Invertern oder AND-Gattern mit zwei Eingängen.

Letztere Konvention wird nur zur Vereinfachung der Darstellung getroffen und schränkt die Gültigkeit der diskutierten Sachverhalte nicht ein.

Eine *Eingangsvariable* x eines Schaltnetzes S sei im weiteren eine Boolesche Zufallsvariable, und P(x) sei die Wahrscheinlichkeit, daß x wahr wird. Das Tupel $X := <x_i \mid i \in I>$ ordne jedem primären Eingang von S eine Boolesche Zufallsvariable zu und sei *insgesamt unabhängig* (siehe /Fell68/, pp. 70), d. h. für jede Teilmenge Q der primären Eingänge I gelte

(2.1)

$$P(\prod_{i \in Q} x_i) = \prod_{i \in Q} P(x_i)$$

Für Boolesche Zufallsvariablen x, y und z gelten die folgenden Beziehungen:

(2.2) $P(\neg x)$ $=$ $1 - P(x)$

(2.3)

$$P(x\&y\&z) = \begin{cases} P(x)*P(y)*P(z), & \text{falls } x, y \text{ und } z \text{ unabhängig sind;} \\ P(y\&z), & \text{falls } x=y \text{ ist;} \\ \text{sonst sind zur Berechnung weitere Informationen nötig.} \end{cases}$$

x^b und y^b seien Boolesche Variablen. Dann wird die Menge der auf der 2-elementigen Booleschen Algebra definierten Funktionen

$$\{f^b\!:\!\{\text{TRUE, FALSE}\}^n \to \{\text{TRUE, FALSE} \mid n \in \mathbb{N}\}$$

durch folgende Vorschrift isomorph in die Menge der arithmetischen Funktionen

$$\{f^a\!:\!\{0,\,1\}^n \to \{0,\,1\} \mid n \in \mathbb{N}\}$$

abgebildet:

(2.4)

    (1) $\text{TRUE} \mapsto 1$

    (2) $\text{FALSE} \mapsto 0$

    (3) $x^b \& y^b \mapsto x*y$

    (4) $\neg x^b \mapsto 1-x$

Die Booleschen Zufallsvariablen $x_1,...,x_n$ seien insgesamt unabhängig und mit den Wahrscheinlichkeiten z_i wahr, d. h. $P(x_i) = z_i$. Die arithmetischen Variablen $y_1,...,y_n$ seien ebenfalls insgesamt unabhängige Zufallsvariablen, die jedoch mit den Wahrscheinlichkeiten z_i den arithmetischen Wert 1 annehmen und sonst 0 sind (d.h. $P(y_i=1) = z_i$). Diese Variablen haben daher den Erwartungswert $E(y_i) = z_i$.

Für jede Boolesche Funktion ist die Wahrscheinlichkeit, daß sie wahr wird, gleich dem Erwartungswert der entsprechenden arithmetischen Funktion:

(2.5) $P(f^b(x_1,...,x_n))=E(f^a(y_1,...,y_n)).$

Die *arithmetische Einbettung* einer Booleschen Funktion

$$f^b\!:\!\{\text{TRUE, FALSE}\}^n \to \{\text{TRUE, FALSE}\}$$

ist die reelle Funktion $f:[0,1]^n \to [0,1]$, die für $z_i \in [0,1]$ definiert ist durch

(2.6) $\qquad f(z_1,..,z_n) := P(f^b(x_1,...,x_n)),$

wobei die $x_1,...,x_n$ wieder insgesamt unabhängige Boolesche Zufallsvariable mit $P(x_i) = z_i$ für $i=1,..,n$ sind.

Die arithmetische Einbettung einer Booleschen Funktion läßt sich bequem mit der in (2.4) definierten Abbildung berechnen. Künftig benutzen wir die Wahrscheinlichkeit einer Booleschen Zufallsvariablen und den Erwartungswert ihres arithmetischen Pendants als miteinander austauschbar.

BEISPIEL: Gesucht sei die arithmetische Einbettung $g(z_1,z_2)$ der Funktion

$$x_1 \neq x_2 \text{ mit } P(x_1) = z_1 \text{ und } P(x_2) = z_2.$$

Es ist

$$g(z_1,z_2) = P(\neg(\neg(x_1 \& \neg x_2) \& \neg(\neg x_1 \& x_2))) =$$

$$E(1-(1-y_1(1-y_2))(1-(1-y_1)y_2)) =$$

$$E(y_1+y_2-3y_1y_2+y_1^2y_2+y_1y_2^2-y_1^2y_2^2) =$$

$$E(y_1)+E(y_2)-3E(y_1y_2)+E(y_1^2y_2)+E(y_1y_2^2)-E(y_1^2y_2^2).$$

Mit (2.3) und (2.4) erhält man

$$g(z_1,z_2) = E(y_1)+E(y_2)-2E(y_1y_2) = z_1+z_2-2z_1z_2.$$

Auf diese Weise konstruiert PROTEST automatisch für alle logischen Grundelemente arithmetische Einbettungen und legt sie in einer Bibliothek ab.

LEMMA 2.1: Es sei $X := \langle x_1,...,x_n \rangle$, und es seien $f_{b,1}(X)$ und $f_{b,2}(X)$ zwei disjunkte, d.h. sich gegenseitig ausschließende Boolesche Funktionen. Weiter sei

$$f_b := (f_{b,1} \text{ OR } f_{b,2}).$$

Dann gilt für die arithmetischen Einbettungen

$$f = f_1+f_2.$$

BEWEIS: Es ist

$$E(f(X)) = E(1-(1-f_1(X))(1-f_2(X))) = E(f_1(X)+f_2(X)-f_1(X)f_2(X)) =$$

$$E(f_1(X)) + E(f_2(X)) - E(f_1(X)f_2(X)),$$

und es ist, da sich die beiden Funktionen gegenseitig ausschließen,

$$E(f_1(X)f_2(X)) = 0.$$

FOLGERUNG 2.2: Für jede arithmetische Einbettung

$$f(x_1,...,x_n)$$

gilt

$$f(x_1,...,x_n) =$$

$$x_i f(x_1,..,x_{i-1},1,x_{i+1},..,x_n) + (1-x_i)f(x_1,..,x_{i-1},0,x_{i+1},..,x_n).$$

FOLGERUNG 2.3: Die arithmetische Einbettung einer Booleschen Funktion ist die Summe der arithmetischen Einbettungen ihrer Minterme.

Die Eingangsvariablen definieren für jeden Knoten $k \in K$ eine Boolesche Zufallsvariable x_k mit der *Signalwahrscheinlichkeit* $P(x_k)$. Für jeden primären Eingang $i \in I$ ist die *Eingangswahrscheinlichkeit* von i die Signalwahrscheinlichkeit $P(x_i)$. Bei einem konventionellen Zufallstest ist jedem primären Eingang eine Eingangsvariable mit der Signalwahrscheinlichkeit 0.5 zugeordnet.

Wir kommen nun zur Fehlerbehandlung. Es seien ein Tupel von Eingangsvariablen **X** und ein Haftfehler f gegeben. Die *Fehlerentdeckungswahrscheinlichkeit* p_f von f ist die Wahrscheinlichkeit, daß f von einem Muster entdeckt wird, das nach den Verteilungen von **X** zufällig erzeugt wurde.

Die beiden folgenden Sätze beschreiben den Aufwand, mit dem die Berechnung der Fehlerentdeckungswahrscheinlichkeiten auf die Berechnung von Signalwahrscheinlichkeiten zurückgeführt werden kann.

SATZ 2.4: Es sei f ein Haftfehler des Schaltnetzes **S** mit r Knoten. Es existiert ein Schaltnetz S^+ mit O(r) Knoten, derselben Zahl primärer Eingänge und einem ausgezeichneten Knoten k_f, so daß gilt: Für jede Eingangsbelegung ist k_f = "1" in S^+ genau dann, wenn die Eingangsbelegung ein Testmuster für f in **S** ist.

BEWEIS: (Skizze) Wir verzichten auf eine Formalisierung und machen uns diesen Sachverhalt wie folgt plausibel: Mit Aufwand O(r) läßt sich von **S** eine Kopie S_f anfertigen, die den Fehler f enthält. **S** und S_f werden zu dem Schaltnetz S^+ zusammengeführt, indem die jeweiligen primären Eingänge miteinander verbunden, die jeweiligen Ausgänge mit der Antivalenz und deren Ausgänge wiederum disjunktiv verknüpft werden (Bild 2.1).

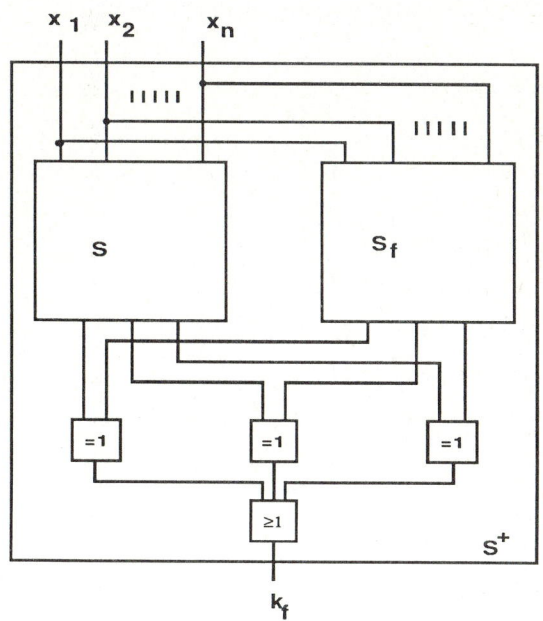

Bild 2.1: Fehlerentdeckung

Will man jedoch auf der Grundlage dieses Satzes die Berechnung von Fehlerentdeckungswahrscheinlichkeiten auf die Bestimmung von Signalwahrscheinlichkeiten zurückführen, so müßte man dazu ein Schaltnetz der Größenordnung $O(r^2)$ konstruieren. Aber mit geringerem Aufwand läßt sich die Wahrscheinlichkeit dafür bestimmen, daß von einem Punkt in der Schaltung zu einem primären Ausgang genau ein Pfad sensibilisiert wird. Diese Beobachtung machte Savir in /SAVI83/ und /SAVI84/. Sie setzt voraus, daß die Zahl der Kanten, die von einem Knoten wegführen, durch eine Konstante beschränkt ist. Dies ist aber in realen Schaltnetzen stets der Fall, da die Treiberleistung eines Bauelements begrenzt ist. Die Beobachtung kann durch folgenden Satz genauer beschrieben werden:

SATZ 2.5: Es sei **S** ein Schaltnetz mit einem primären Ausgang **O** und n Gattern. Es existiert ein Schaltnetz **S°** der Größe O(r) mit denselben primären Eingängen, das für jeden Bausteinanschluß **A** von **S** einen Knoten **K(A)** enthält, der für eine Belegung genau dann wahr ist, wenn bei dieser Belegung von **A** nach **O** genau ein Pfad sensibilisiert wird.

BEWEIS: Die Knoten $<k_1,...,k_l>$ seien so numeriert, daß $i < j$ gilt, falls es einen Pfad von k_i nach k_j gibt (Signalflußrichtung). Für jeden Anschluß **A** konstruieren wir eine Boolesche Formel st_A, die genau dann wahr ist, wenn von **A** nach **O** exakt ein Pfad sensibilisiert wird, und eine Boolesche Formel nt_A, die genau dann wahr ist, wenn von **A** nach **O** kein Pfad sensibilisiert wird. Bild 2.2 verdeutlicht diese Konstruktion an einem Beispiel.

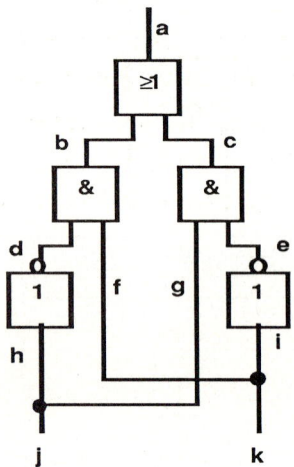

$st_a = 1$, $nt_a = 0$; $st_b = \neg c$, $nt_b = c$; $st_c = b$, $nt_c = b$; $st_d = f\&st_b$, $nt_d = nt_b$ OR$\neg f$;
$st_f = d\,\&st_b$, $nt_f = nt_b$ OR $\neg d$; $st_g = e\&st_c$, $nt_g = e$ OR nt_c; $st_e = g\&st_c$, $nt_e = g$ OR$\neg nt_c$;
$st_h = st_d$, $nt_h = nt_d$; $st_i = st_e$, $nt_i = nt_e$; $st_j = (st_h\,\&\,nt_g)$ OR $(st_g\,\&nt_h)$, $nt_j = nt_g\&nt_h$;
$st_k = (st_i\,\&\,nt_j)$ OR $(st_j\,\&nt_i)$, $nt_k = nt_i\&nt_h$;

Bild 2.2: Pfadsensibilisierung

Die Konstruktion geschieht mit absteigender Reihenfolge der Knotennummern.

Für $i = r$ ist k_i am primären Ausgang **O** angeschlossen, und für den zugehörigen Gatteranschluß **A** ist st_A stets wahr und nt_A stets falsch.

Ansonsten seien $g_1,..,g_p$ diejenigen nachfolgenden Gattereingänge, an die k_i angeschlossen ist, und A sei der zu k_i gehörende Gatterausgang.

Setze

$$nt_A := nt_{g1}\&...\&nt_{gp}$$

und

$$st_A := (st_{g1}\&nt_{g2}\&...\&nt_{gp})OR...OR(nt_{g1}\&..\&nt_{gp-1}\&st_{gp}).$$

Falls **A** der Gatterausgang eines Inverters ist, erhält der Invertereingang dieselbe Formel für nt und st. Ist A Ausgang eines AND mit den Eingängen B und C, an welche die Knoten b und c angeschlossen sind, so ist $nt_B := nt_A OR\neg c$ und $st_B := st_A\&c$. Der Anschluß C wird entsprechend behandelt.

Es gibt jedoch Fehler, die sich nur durch gleichzeitige Sensibilisierung mehrerer Pfade erkennen lassen. Daher wird eine Bestimmung von Fehlerentdeckungswahrscheinlichkeiten mittels Satz 2.5 stets zu einer systematischen Unterschätzung führen. Dennoch bietet dieser Satz eine effiziente Möglichkeit, um die Abschätzung von Fehlerentdeckungwahrscheinlichkeiten auf Signalwahrscheinlichkeiten zurückzuführen. Die Entdeckungswahrscheinlichkeiten sind Grundlage für viele Anwendungen, und man hat sich daher seit längerer Zeit bemüht, effiziente Berechnungsverfahren zu finden.

2.1.2 Optimierung

Wir stellen nun einige Sachverhalte bereit, die in der Optimierungstheorie bewiesen werden (vgl. z.B. /CoWe71/).

DEFINITION 2.6: Eine Punktmenge **K** des $\mathbf{R}^n$ heißt *konvex*, wenn mit je zwei Punkten x_1 und x_2 aus K auch alle Punkte $\alpha x_1+(1-\alpha)x_2$ mit $0 \le \alpha \le 1$ in **K** liegen.

Offensichtlich ist $[\mu,1-\mu]^I$ konvex.

DEFINITION 2.7: B sei eine konvexe Teilmenge des $\mathbf{R}^n$. Eine für $x \in B$ definierte reellwertige Funktion $\Phi(x)$ heißt *konvex* in B, wenn für x, y $\in$ B und alle reellen α mit $0 \le \alpha \le 1$ gilt

(2.7) $\qquad \Phi(\alpha x+(1-\alpha)y) \le \alpha\Phi(x)+(1-\alpha)\Phi(y).$

Für jeden Vektor $x \in \mathbf{R}^n$ bezeichne x' den transponierten Vektor.

DEFINITION 2.8: Eine reelle, symmetrische, n-reihige quadratische Matrix A heißt *positiv definit*, wenn x'Ax > 0 für alle von 0 verschiedenen $x \in \mathbf{R}^n$ ist, und sie heißt *positiv semidefinit*, wenn x'Ax ≥ 0 für alle $x \in \mathbf{R}^n$ ist.

SATZ 2.9: Jede auf einer kompakten Menge definierte stetige, reellwertige Funktion nimmt dort ein Maximum und ein Minimum an.

SATZ 2.10: Ist $\Phi(x)$ streng konvex auf einer konvexen Menge des $\mathbf{R}^n$, so gibt es höchstens einen Minimalpunkt.

Sowohl für die lokale als auch für die globale Optimierung ist der folgende Satz von Bedeutung:

SATZ 2.11: $\Phi(X)$ sei auf einer konvexen Menge B des $\mathbf{R}^n$ definiert und besitze dort stetige zweite partielle Ableitungen. Ist die Matrix

(2.8)

$$A(X) := (\frac{d^2 \Phi(X)}{dx_i dx_j}), \ (i,j = 1,\ldots,n)$$

für alle $X \in B$ positiv definit, so ist $\Phi(X)$ streng konvex auf B.

2.1.3 Schieberegisterfolgen

Seit langem werden linear rückgekoppelte Schieberegister (LRS) zur Muster- und Code generierung in der Nachrichtentechnik eingesetzt. Ihr Einsatz zur Mustererzeugung und Signaturanalyse beim Produktionstest integrierter Schaltungen wird erstmals in /Froh77/ im Hewlett Packard-Journal beschrieben; einen Überblick über die Möglichkeiten ihres Einsatzes gibt /BhHe81/. Bild 2.3 zeigt das Prinzip eines linear rückgekoppelten Schieberegisters in der Normalform I und der Normalform II (vgl./HeLe83/).

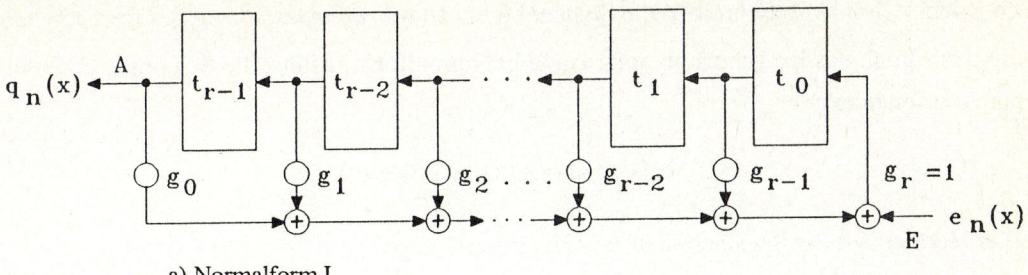

a) Normalform I

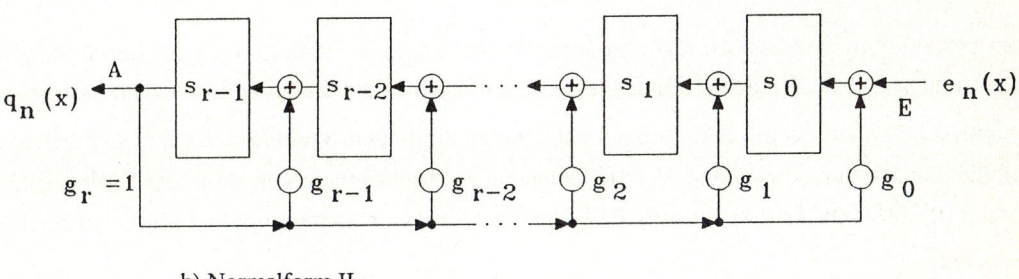

b) Normalform II

Bild 2.3: Prinzip des linear rückgekoppelten Schieberegisters (LRS) ($\oplus$ bedeutet Addition mod 2 bzw. Antivalenzverknüpfung.)

Hier seien die s_i bzw. t_i Speicherelemente, die g_i sind Schalter, die bei $g_i = 1$ geschlossen sind, und $\oplus$ bezeichne die Addition mod 2. Die Eingangsfolge E kann als die Folge der Koeffizienten eines Polynoms vom Grade n interpretiert werden:

$$e_n(x) := e_n x^n + e_{n-1} x^{n-1} + ... + e_1 x + e_0$$

Die Schalter g_i repräsentieren die Koeffizienten eines Divisorpolynoms:

$$g_r(x) := x^r + g_{r-1} x^{r-1} + ... + g_1 x + g_0$$

und die Ausgangsfolge A steht für die Koeffizienten des Quotientenpolynoms:

$$q_n(x) := q_n x^n + q_{n-1} x^{n-1} + ... + q_1 x + q_0.$$

Mit diesen Bezeichnungen führt die Schaltung in Normalform I eine Polynomdivision aus:

$$e_n(x)/g_r(x) = q_n(x) + t_{r-1} x^{-1} + t_{r-2} x^{-2} + ... + t_0 x^{-r}.$$

Zu jedem Zeitpunkt beschreiben die Speicher t_i die **Dualbruchdarstellung** des Restpolynoms dividiert durch das Eingangspolynom. Auch in Normalform II führt die Schaltung eine Polynomdivision durch:

$$e_n(x)/g_r(x)=q_n(x)+s_{r-1}(x)/g_r(x).$$

Hier repräsentiert der Speicherinhalt stets das Restpolynom

$$s_{r-1}(x):=s_{r-1}x_{r-1}+...+s_1x+s_0.$$

Von besonderem Interesse ist das autonome Verhalten dieser Schaltungen für den Fall, daß $e_n = 1$ und sonst alle Elemente von E gleich 0 sind. Da dies der Eingabe des Polynoms x^n entspricht, müssen sich beide Schaltungen nach außen äquivalent verhalten. Es läßt sich zeigen, daß die Schaltungen genau dann 2^r-1 verschiedene Zustände annehmen, wenn das Divisorpolynom $g_r(x)$ primitiv ist. In diesem Fall nennen wir die rückgekoppelten Schieberegister *maximal.*.

2.2 Die Aufgabenstellung

Falls für die Fehler einer Schaltung die Entdeckungswahrscheinlichkeiten bekannt sind, wird die Lösung einer ganzen Reihe von Aufgaben erleichtert oder erst ermöglicht. Aus den Fehlerentdeckungswahrscheinlichkeiten ist der Umfang einer Zufallstestmenge zu bestimmen, der notwendig ist, um mit einer geforderten Sicherheit die Korrektheit einer Schaltung feststellen zu können (Abschnitt 3.1). Ihre Kenntnis kann auch die deterministische Testerzeugung beschleunigen, indem man versucht, stets nur für Fehler mit geringster Entdeckungswahrscheinlichkeit Tests zu generieren und zu simulieren, ob diese Tests auch die Fehler mit größerer Entdeckungswahrscheinlichkeit erkennen.

Ein effizientes Verfahren zur Bestimmung von Fehlerentdeckungswahrscheinlichkeiten ist notwendig, um ein Gütekriterium dafür zu entwickeln, welche Wahrscheinlichkeiten für die Eingangsvariablen des Schaltnetzes besonders gut für einen Zufallstest geeignet sind. Geeignet bedeutet hier:

A)   Eine Mustermenge mit gegebenem Umfang N entsprechend diesen Eingangswahrscheinlichkeiten entdeckt die gesamte Fehlermenge mit hoher Wahrscheinlichkeit;

B)   um die gesamte Fehlermenge mit einer geforderten Wahrscheinlichkeit zu entdecken, ist der notwendige Umfang N einer Mustermenge mit solchen Eingangswahrscheinlichkeiten minimal.

Häufig wird gegen den Test mit Zufallsmustern eingewendet, daß Schaltungen, in denen Fehler mit sehr niedriger Entdeckungswahrscheinlichkeit vorkommen, äußerst unwirtschaftlich große Mustermengen für einen verläßlichen Test benötigen (/ShMc75/, /Agra78/). Solche Fehler treten beispielsweise bei Gattern mit einer großen Zahl von Eingängen auf. In der Tat zeigen die Tabellen im Anhang für solche Schaltungen wie Vergleicher, Dekodierer und sogar einfache Konjunktionen und Disjunktionen mit vielen Eingängen für einen konventionellen Zufallstest so große Musterzahlen, daß ein Test nicht mehr in angemessener Zeit durchgeführt werden kann. Mit optimierten Eingangswahrscheinlichkeiten konnte jedoch in allen untersuchten Beispielen der notwendige Testumfang soweit gesenkt werden, daß ein Zufallstest wirtschaftlich oder gar erst möglich wird.

Zur Bestimmung optimierter Eingangswahrscheinlichkeiten wird neben einem geeigneten Gütekriterium noch ein effizientes Optimierverfahren benötigt. Beides leiten wir im 4. Kapitel her.

Im 5. Kapitel stellen wir eine Selbsttestarchitektur vor, mit der die Muster entsprechend den optimierten Verteilungen erzeugt werden können, und die dennoch nur einen Hardware-Mehraufwand in annähernd gleicher, zum Teil sogar geringerer Größenordnung wie das BILBO benötigt.

Die wichtigsten Ergebnisse der Arbeit bestehen daher in folgenden drei Punkten:

-              Entwicklung eines effizienten Verfahrens zur Schätzung von Signal- und Fehlerentdeckungswahrscheinlichkeiten.

-              Herleitung und Implementierung eines Verfahrens zur Bestimmung optimierter Zufallsmuster.

-              Vorschlag einer Anordnung zur Erzeugung optimierter Zufallsmuster für den Selbsttest einer Schaltung.

Diese Punkte haben dadurch besondere Bedeutung, daß die *Klasse der Schaltungen vergrößert* wird, die sich mit Zufallsmustern selbst testen können, ohne daß dabei gegenüber einem traditionellen Zufallstest Mehrkosten entstehen. Stattdessen werden die Testzeiten noch verkürzt.

2.3 Vorarbeiten von anderer Seite und Abgrenzung der Ergebnisse

2.3.1 Vorarbeiten zur Bestimmung von Signal- und Fehlerentdeckungswahrscheinlichkeiten

Schon 1975 haben Prathima und Vishwani Agrawal einen Algorithmus vorgeschlagen, der in linearer Komplexität für Schaltnetze ohne rekonvergente Zweige die Signalwahrscheinlichkeiten an den Knoten bestimmt /AgAg75/. Im selben Jahr publizierten Parker und McCluskey eine Lösung des allgemeinen Falls, die jedoch exponentiellen Aufwand erfordert und somit nur für relativ kleine Schaltungen praktikabel ist (/McPa75a/, /McPa75b/).

Aus diesem Grund haben Savir et al. 1983 ein Verfahren vorgestellt, das an jedem Knoten eines Schaltnetzes eine obere und eine untere Schranke für seine Signalwahrscheinlichkeit berechnet /SAVI83/. Hier wird durch die Struktur der Schaltung ein festes Intervall für einen Knoten bestimmt, so daß in ungünstigen Fällen nur wenig Information über den tatsächlichen Wert erlangt wird. Dieselben Autoren verfeinerten diesen Algorithmus durch Iteration und schlugen weitere Ergänzungen vor, die dann ebenfalls exponentiellen Aufwand verursachen können /SAVI84/..

Einige der in 1.3 erwähnten Testbarkeitsmaße setzen voraus, daß die Signalwahrscheinlichkeiten leicht bestimmbar sind. Zumeist wird vorgeschlagen, die Signalwahrscheinlichkeiten durch Richtigsimulation mit einer ausreichend großen Zahl von Zufallsmustern zu ermitteln (/Duss78/, /FoFu82/). Das Programm STAFAN versucht, auf der Grundlage solcher Simulationsergebnisse die Fehlerentdeckungswahrscheinlichkeiten zu bestimmen /AgJa84/.

Auf diese Weise ist jedoch eine verläßliche Bestimmung von Signalwahrscheinlichkeiten bei solchen Funktionen schwierig, die fast immer "1" oder fast immer "0" als Wert annehmen. Falls beispielsweise gefordert wird, daß die Aussage "Funktion konstant" höchstens mit der Wahrscheinlichkeit 0.02 falsch sein darf, dann müßten an ein AND Gatter mit 8 Eingängen gemäß der in Kapitel 3 hergeleiteten Formel insgesamt $\log(0.02)/(\log(255)-\log(256)) \approx 1000$ Zufallsmuster angelegt werden, obwohl nur 256 verschiedene Muster möglich sind.

Karp und Luby haben ein Verfahren vorgestellt, das für eine Boolesche Formel in disjunktiver Form die Wahrscheinlichkeit schätzt, daß sie wahr wird /KaLu83/. Ihr Verfahren bestimmt für die Wahrscheinlichkeit $f(w)$ einen Schätzwert $f'(w)$, so daß

$$P(|f'(w)-f(w)|/f(w) > \beta) < \delta$$

mit den Parametern $\beta > 0$ und $0 < \delta < 1$ gilt. Ihr Algorithmus ist polynomial in $1/\delta$, $1/\beta$ und der Formellänge von w.

Leider beruht er wesentlich darauf, daß die Formel in disjunktiver Form vorliegt. Daher ist er als Schätzverfahren für Fehlerentdeckungswahrscheinlichkeiten ungeeignet, denn die Rückführung auf die disjunktive Form kann wiederum exponentiellen Aufwand verursachen.

Wir werden im 3. Kapitel feststellen, daß der exponentielle Aufwand, den alle bekannten Ansätze zur Berechnung der genannten Wahrscheinlichkeiten haben, in der Komplexität des Problems begründet ist. Für größere Schaltungen muß man sich mit einem Schätzverfahren für Fehlerentdeckungswahrscheinlichkeiten zufrieden geben, das jedoch folgende Randbedingungen erfüllen sollte:

i)   Die Schätzung soll möglichst genau erfolgen;

ii)   die Bestimmung der Schätzwerte soll so effizient sein, daß sie als zu optimierende Gütefunktion wiederholt aufgerufen werden kann;

iii)   das Verfahren soll eindeutig interpretierbare Werte liefern.

Diese Randbedingungen sind nötig, damit die gelieferten Werte benutzt werden können, um einerseits optimale Eingangswahrscheinlichkeiten für einen Zufallstest zu finden und um andererseits mit diesen Werten die notwendige Zahl von Zufallsmustern ermitteln zu können.

SCOAP und andere bekannte konventionelle Testbarkeitsmaße korrelieren nur höchst unzulänglich mit der Fehlerentdeckungswahrscheinlichkeit und erfüllen weder i) noch iii) (/AgMe82/, /MeUn84/). Die älteren Verfahren zur exakten Berechnung von Signalwahrscheinlichkeiten nach (/McPa75a/, /McPa75b/) sind für große Schaltnetze bei weitem zu ineffizient. Zur Analyse großer Schaltnetze reicht die Effizienz der neuen Verfahren, die auf Fehler- oder Logiksimulation beruhen, zwar aus, sie ist jedoch für die Optimierungsprozeduren unzureichend. Auch der "Cutting Algorithmus" von Savir erfüllt nicht alle gestellten Anforderungen, da er nur Intervalle liefert und damit iii) nicht einhält.

Das im 3. Kapitel vorgestellte neue Schätzverfahren wurde 1984 erstmalig publiziert /Wu84/, 1985 international vorgestellt /Wu85/ und als Programmsystem mit dem Namen *PROTEST (Probabilistic Testability Analysis)* implementiert. Einige der darin verwendeten Heuristiken haben auch Agrawal und Seth in einem jüngst publizierten, ähnlichen Ansatz zur Schätzung von Fehlerentdeckungs- und Signalwahrscheinlichkeiten verwirklicht (/SETH85/, /SETH86/).

2.3.2 Gegenwärtiger Stand bei der Optimierung von Eingangswahrscheinlichkeiten

Für Schaltungen, die keine Verzweigung enthalten, haben P. und V. D. Agrawal einen Algorithmus vorgeschlagen, der die Eingangswahrscheinlichkeiten so bestimmt, daß von den primären Eingängen zu dem primären Ausgang mit großer Wahrscheinlichkeit Pfade sensibilisiert sind (/AgAg75a/, /AgAg76/). Solche Schaltungen mit Baumstruktur kommen jedoch selten vor und stellen auch an die deterministische Testerzeugung geringe Anforderungen.

Für den allgemeinen Fall haben V. D. Agrawal und Seth optimierte Eingangswahrscheinlichkeiten mit informationstheoretischen Mitteln gesucht, wobei sie eine logische Funktion als Kanal zur Informationsübertragung auffassen (/Agra81/, /AgSe82/). Sie haben angenommen, daß eine Schaltung besonders gut durch Zufallsmuster testbar ist, wenn diese Zufallsmuster die Information an den primären Ausgängen maximieren. Die Berechnung solcher Eingangswahrscheinlichkeiten erfordert jedoch wiederum die Kenntnis der Signalwahrscheinlichkeiten, so daß auch hier ein Schätzverfahren durch Logiksimulation oder durch analytische Methoden nötig ist. Schnurman hat diesen Ansatz zur praktischen Erzeugung der Testmuster benutzt, indem er während der Testdurchführung die Signaländerungen am Schaltungsausgang gemessen und damit die Verteilungen der einzugebenden Muster gesteuert hat /SCHN75/.

Ein wesentlicher Einwand gegen dieses Vorgehen ist, daß weder das Fehlermodell noch die konkrete zu testende Schaltungsstruktur in die Bestimmung der Eingangswahrscheinlichkeiten eingehen. Daher können die beiden oben genannten Kriterien durch dieses Optimierverfahren nur sehr unzureichend erfüllt werden. Experimentelle Untersuchungen des Autors haben dann auch ergeben, daß so die Effizienz eines Zufallstests in der Regel nur gering verbessert und in manchen Fällen sogar deutlich verschlechtert wird /Wu84/.

Lieberherr hat zwei Verfahren zur Optimierung von Eingangswahrscheinlichkeiten gegenübergestellt /Lieb84/: Die Bestimmung eines Tupels von Eingangswahrscheinlichkeiten, das die Wahrscheinlichkeit der Pfadsensibilisierung maximiert, und die Erzeugung solcher Zufallsmuster, die stets genau k Eingänge auf "1" setzen. Im letzten Fall muß k so gewählt werden, daß die Fehlerentdeckungswahrscheinlichkeit maximal wird. Jedoch wurde kein Verfahren zur Optimierung der Eingangswahrscheinlichkeiten oder gar der Zahl k entwickelt.

In der vorliegenden Arbeit wird eine neue Gütefunktion für Eingangswahrscheinlichkeiten definiert, die mit dem im 3.Kapitel entwickelten Schätzverfahren bestimmt werden kann. Zugleich werden mathematische Verfahren für ihre Optimierung untersucht und entwickelt.

Da bislang noch keine praktikablen Verfahren zur Optimierung von Eingangswahrscheinlichkeiten bekannt waren, existieren in der Literatur ebenfalls noch keine Vorschläge, mit welcher Zusatzbeschaltung optimierte Zufallstests erzeugt werden können. Eine solche Zusatzausstattung wird im 5. Kapitel vorgestellt.

3 Fehlerentdeckungs- und Signalwahrscheinlichkeiten

In diesem Kapitel wird ein Verfahren zur Bestimmung von Signalwahrscheinlichkeiten hergeleitet. Darauf kann die Bestimmung der Fehlerentdeckungswahrscheinlichkeiten wie in den Sätzen 2.4 und 2.5 zurückgeführt werden. Dies wird daher hier nicht noch einmal behandelt, stattdessen wird mit der Modellierung des Signalflusses in Abschnitt 3.4 ein Verfahren angegeben, das auf Kosten der Genauigkeit möglichst schnell Schätzwerte liefert.

Die folgenden Abschnitte untersuchen Anwendungen des Schätzverfahrens beim Zufallstest und auch bei der deterministischen Testmustererzeugung. Anschließend werden die Auswirkungen der Tatsache diskutiert, daß bei diesen Anwendungen nur *Schätzwerte* für die Wahrscheinlichkeit zur Verfügung stehen.

3.1 Die Aufgabenstellung und ihre Komplexität

Daß die Verfahren zur Berechnung der Signalwahrscheinlichkeiten für größere Schaltnetze nicht praktikabel sind, hat seine tiefere Ursache in folgendem Sachverhalt:

SATZ 3.1: Die Berechnung von Signalwahrscheinlichkeiten ist NP-hart bezüglich der Schaltungsgröße.

BEWEIS (SKIZZE): Es genügt zu zeigen, daß mit einem polynomialen Algorithmus zur Bestimmung von Signalwahrscheinlichkeiten auch ein NP-vollständiges Problem in polynomialer Zeit gelöst werden kann.

Nach Satz 2.4 existiert mit einem polynomialen Algorithmus zur Berechnung von Signalwahrscheinlichkeiten auch einer zur Berechnung von Fehlerentdeckungswahrscheinlichkeiten. Nach Satz 1.1 ist die Erkennung von Redundanz NP-vollständig. Redundanz liegt aber genau dann vor, wenn die Erkennungswahrscheinlichkeit eines Fehlers gleich 0 ist.

Daraus folgt sofort:

FOLGERUNG 3.2: Die Berechnung von Fehlerentdeckungswahrscheinlichkeiten ist NP-hart bezüglich der Schaltungsgröße.

Eine Konsequenz ist, daß die Berechnung der Fehlerentdeckungswahrscheinlichkeiten im ungünstigsten Fall nicht weniger aufwendig als die deterministische Testmustererzeugung selbst ist und deshalb nicht als Testbarkeitsmaß taugt. Daher stellen wir uns im folgenden die Aufgabe, diese Wahrscheinlichkeiten zu *schätzen*. Zuvor geben wir ein Verfahren zur *exakten Berechnung* von Signalwahrscheinlichkeiten an, um es dann im nächsten Abschnitt soweit zu modifizieren, daß es mit annähernd linearem Aufwand *Schätzwerte* liefern kann.

3.2 Die exakte Berechnung von Signalwahrscheinlichkeiten

Wie in Satz 3.2 seien die Knoten der Schaltung entsprechend dem Signalfluß numeriert. Für jeden Knoten k sei $V(k)$ die Menge *aller* Vorgängerknoten, d. h. derjenigen Knoten, von denen ein Pfad zu k führt. $Succ(k)$ sei die Menge der *unmittelbaren* Nachfolgerknoten von k.

Induktiv bestimmen wir für $i = 1,..,r$ die Signalwahrscheinlichkeiten $P(k_i)$ bzw. die Erwartungswerte $E(k_i)$, wenn wir arithmetische Variablen benutzen.

(3.1)

(1)   Der Knoten k_i ist ein primärer Eingang:

Dann ist $P(k_i)$ als Eingangswahrscheinlichkeit gegeben.

(2)   Der Knoten k_i ist Ausgang eines Inverters mit dem Eingangsknoten k_j. Dann wurde $P(k_j)$ bereits bestimmt, und es ist $P(k_i) = 1-P(k_j)$.

(3)   Der Knoten k_i ist Ausgang eines AND mit den beiden Eingangsknoten k_j und k_h. Hier müssen wir zwei Fälle unterscheiden:

(a) $V(k_j) \cap V(k_h) = \varnothing$.

Wenn diese beiden Knoten keine gemeinsamen Vorgänger haben, dann sind sie statistisch unabhängig und nach (2.3) gilt $P(k_i) = P(k_j)*P(k_h)$.

(b) $V := V(k_j) \cap V(k_h) \neq \varnothing$.

In diesem Fall ist nicht mehr garantiert, daß die beiden Knoten unabhängig sind, so daß (2.3) nicht angewendet werden kann. Der Durchschnitt V bildet ein Teilschaltnetz gemäß Bild 3.1.

Das Teilschaltnetz hat eigene primäre Eingänge, und für jede *feste* Belegung dieser Eingänge sind die beiden Variablen k_j und k_h unabhängig.

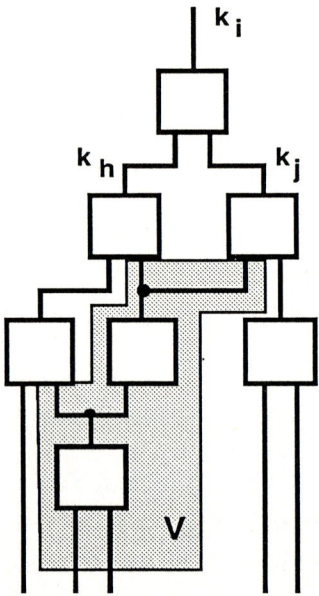

Bild 3.1:   Gemeinsame Vorgängerknoten

Jede solche feste Belegung bestimmt die Werte von ganz **V**. Es genügt also, für jede Belegung von **V** deren Wahrscheinlichkeit und die dazugehörende bedingte Wahrscheinlichkeit beider Variablen zu bestimmen und dann nach der erweiterten Shannon Formel die gewichteten Produkte aufzusummieren. Jede Belegung von **V** kann durch einen Booleschen Ausdruck folgender Gestalt repräsentiert werden:

(3.2)

$$A_{V,t} := \prod_{k \in t} k \ \& \ \prod_{k \in V \backslash t} \overline{k}$$

Hierbei ist t diejenige Teilmenge von Knoten aus **V**, die unter der betreffenden Belegung wahr sind. Nun ist rekursiv die Wahrscheinlichkeit zu berechnen, daß $A_{V,t}$ erfüllt ist, d.h. $P(A_{V,t})$. Damit ergibt sich

(3.3)

$$P(k_i) = \sum_{t \subset V} P(A_{V,t}) * P(k_j | A_{V,t}) * P(k_h | A_{V,t})$$

Hiermit ist die Induktion vollständig.

Sofort sieht man, daß der exponentielle Aufwand im letzten Schritt liegt, den wir im nächsten Abschnitt modifizieren werden.

3.3 Schätzung der Signalwahrscheinlichkeiten im Programmsystem PROTEST

Offensichtlich wächst der Aufwand des eben skizzierten Berechnungsverfahrens exponentiell mit der Mächtigkeit der Menge der gemeinsamen Vorgängerknoten V. Die Schätzung der Wahrscheinlichkeiten geschieht, indem stets nur eine begrenzte Teilmenge $V°$ von **V** betrachtet wird. Die Auswahl dieser Teilmenge erfolgt mit drei Heuristiken.

1) Der Rand

Der Rand von V besteht aus denjenigen Knoten $k \in$ **V**, für die

$$\mathbf{SUCC}(k) \cap (\mathbf{V}(k_j) \backslash \mathbf{V}(k_h) \cup \mathbf{V}(k_h) \backslash \mathbf{V}(k_j)) \neq \varnothing$$

ist. Dies sind genau diejenigen Knoten aus **V**, die einen *unmittelbaren* Nachfolger haben, der *entweder* Vorgänger von k_j und nicht von k_h ist *oder* der Vorgänger von k_h und nicht von k_j ist (vgl. Bild 3.2).

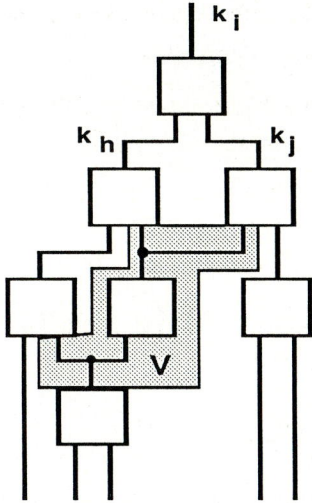

Bild 3.2: Rand gemeinsamer Vorgängerknoten

Jeder Punkt von **V**, der nicht auf dem Rand liegt, hat bei einer festen Belegung des Randes keinen direkten Einfluß auf den Wert von k_j oder k_h. Es genügt also, nur Randknoten zu betrachten, und die Formel (3.3) berechnet noch immer exakte Wahrscheinlichkeiten. Im folgenden gehen wir stets davon aus, daß V nur aus Randknoten besteht.

Parker und McCluskey haben in ihrem Verfahren zur Berechnung von Signalwahrscheinlichkeiten die gemeinsamen Vorgängerknoten der Schaltung stets bis auf die primären Eingänge expandiert. Die hier vorgeschlagene Beschränkung auf den Rand führt in der Regel zu einer kleineren Zahl zu betrachtender Knoten und ist auch als exaktes Verfahren effizienter.

2) Der Abstand

Der Abstand $\delta(a,b)$ eines Knotens b von einem Vorgängerknoten a ist die Zahl derjenigen Knoten, die auf dem kürzesten Pfad <a,..,b> zwischen ihnen liegen, vermindert um die Zahl der Inverter, die bei diesem Pfad durchlaufen werden müssen.

In der Regel haben die logischen Werte derjenigen Vorgängerknoten mit einem großen Abstand geringeren Einfluß als die näheren Vorgänger (wobei mühelos auch Ausnahmen konstruiert werden können).

PROTEST gestattet es, einen Parameter MAXLIST zu spezifizieren, so daß nur Vorgängerknoten mit einem Abstand $\delta \leq$ MAXLIST betrachtet werden. Wird dieser Parameter nicht angegeben, kann bereits die Berechnung der gemeinsamen Vorgänger an einem Gatter mit mehreren Eingängen quadratischen Rechenaufwand erfordern.

3) Die Korrelation

Für jede Teilmenge W ⊆ V bezeichne der Ausdruck

$$A_{W,t} := \prod_{k \in t} k \ \& \ \prod_{k \in W \setminus t} \bar{k}$$

eine Belegung von **W**. Entsprechend beschreibe die Formel

(3.4)

$$P_W(k_i) = \sum_{t \subseteq W} P(A_{W,t}) * P(k_j | A_{W,t}) * P(k_h | A_{W,t})$$

die Schätzwerte, die durch Beschränkung der Shannon Formel auf **W** erzielt werden. Für einen beliebigen gemeinsamen Vorgängerknoten x sei $W := V\backslash\{x\}$. Dann läßt sich durch Einsetzen und Umformen leicht zeigen:

(3.5) $P(k_i)-P_W(k_i) = Kov(k_j,x)*Kov(k_h,x)/Var(x).$

Kov(a,b) bezeichne die Kovarianz zwischen a und b. In deren Berechnung gehen wieder Signalwahrscheinlichkeiten ein. Falls die Signalwahrscheinlichkeiten mit einer Teilmenge **W** geschätzt wurden, sei Kov^W die entsprechende Schätzung der Kovarianz.

Der Benutzer von PROTEST hat die Möglichkeit, mit dem Parameter MAXVERB die maximale Anzahl der zu betrachtenden gemeinsamen Vorgänger anzugeben. Ist nach Berücksichtigung der Kriterien 1) und 2) die Mächtigkeit von **V** immer noch größer als MAXVERB, wird eine Teilmenge **V°** wie folgt ausgewählt:

1.   Setze $V° := \emptyset$

2.   Wähle ein $x \in V\backslash V°$ und setze $W := V°\cup\{x\}$, bis

$$|Kov^{V°}(k_j,x)*Kov^{V°}(k_h,x)/VarV(x)|$$

maximal ist. Dann setze V:= W.

3.   Ist $|V°| <$ MAXVERB, so gehe zu 2), sonst STOP.

Die notwendigen Wahrscheinlichkeiten zur Auswertung von Formel (3.5) während dieser Prozedur sind natürlich auch *Schätzwerte* , die in gleicher Weise gewonnen werden.

3.4 Modellierung des Signalflusses

Die Sätze 2.4 und 2.5 bieten die Grundlage dafür, die Berechnung von Fehlerentdeckungswahrscheinlichkeiten auf die Berechnung von Signalwahrscheinlichkeiten zurückzuführen. Die in Kapitel 4 vorgestellten Optimierungsverfahren laufen effizienter ab, wenn sie neben diesen genaueren Schätzverfahren auch eine weniger genaue, aber dafür weit einfacher zu berechnende Schätzung zur Verfügung haben.

Dies kann durch die Modellierung des Signalflusses erfolgen. Hierzu ordnet man jedem Anschluß a eines logischen Gatter seinen arithmetischen Wert s(a) zu, der die Wahrscheinlichkeit repräsentieren soll, daß das Signal von a bis zu einem primären Ausgang fließen kann. Für jeden Eingang a eines Gatters F ist dF$/d$a die Boolesche Differenz von F nach a. Sie ist eine von a unabhängige Boolesche Funktion, dF$/d$a := F(a=0) ≠ F(a=1), die genau dann wahr ist, wenn der Wert des Gattereingangs a am Ausgang von F erkannt werden kann. Die arithmetische Einbettung dieser Funktion bezeichnen wir mit dF$_a$.

Für zwei Zahlen x und y sei x#y := x+y-2xy. Dann bestimmen wir:

$$
s(a) \quad := \quad \begin{cases}
1, \text{ falls a ein primärer Ausgang ist;} \\
\\
s(x_1)\#..\#s(x_j), \text{ wenn a Ausgang eines Gatters ist} \\
\text{und direkt an die Anschlüsse } x_1,..,x_j \text{ führt;} \\
\\
d\text{F}_a*s(y), \text{ falls a Eingang des Gatters F mit dem Ausgang y} \\
\text{ist.}
\end{cases}
$$

Die Fehlerentdeckungswahrscheinlichkeit eines s-a-i-Fehlers (i=0,1) am Anschluß a kann durch P(a)s(a) bzw. (1-P(a))s(a) modelliert werden.

Zur Modellierung des Signalflusses genügt es, die Signalwahrscheinlichkeiten im ursprünglichen Schaltnetz zu bestimmen. Dies braucht natürlich nicht mit dem oben geschilderten Verfahren von PROTEST zu geschehen, sondern kann auch mit anderen Methoden wie etwa durch Logiksimulation bei STAFAN /AgJa84/ erfolgen.

Die Schätzung der Fehlerentdeckungswahrscheinlichkeit durch Einfach-Pfad-Sensibilisierung (Satz 2.5) und durch Modellierung des Signalflusses verlangen ebenso wie die Schätzung der Signalwahrscheinlichkeiten nur linearen Aufwand. Wir kommen nun zu einigen Anwendungen dieses Schätzverfahrens.

3.5 Anwendungen

3.5.1 Unterstützung deterministischer Testerzeugung

Fast alle modernen Programme zur Erzeugung von Testmustern für Schaltnetze aus der Strukturbeschreibung benutzen heuristische Funktionen, um die Reihenfolge zu bestimmen, in der versucht wird, Pfade zu sensibilisieren. Letztendlich bestimmen die heuristischen Funktionen die Reihenfolge, in der die Belegungen der primären Eingänge aufgezählt und dahingehend geprüft werden, ob sie einen gegebenen Fehler testen. Beispiele hierfür sind PODEM /Goel81/, FAN /FuSh83/, ATWIG /Tris84/ und viele andere.

Als heuristische Funktion sind die erwähnten allgemeinen Testbarkeitsmaße wie CAMELOT und SCOAP weit verbreitet. Jedoch existieren bereits Versuche, die Signalwahrscheinlichkeiten und die Fehlerentdeckungswahrscheinlichkeiten als Steuerfunktion für die implizite Aufzählung der Eingangsbelegungen zu verwenden /AGRA85/. Diese Wahrscheinlichkeiten können mit den vorgestellten Verfahren effizient geschätzt werden.

Weiterhin ist nicht nur die Reihenfolge von Interesse, in der die Eingangsbelegungen für einen Fehler durchprobiert werden, sondern auch die Reihenfolge, in der die Fehler selbst behandelt werden. Denn viele Verfahren zur automatischen Testmustererzeugung konstruieren iterativ eine Testmenge für ein Fehlermodell $\mathbf{F}$, das der Einfachheit wegen nur aus erkennbaren Fehlern bestehe, indem sie für $i := 1,..$ Fehlermengen F_i bestimmen, welche die noch zu bearbeitenden Fehler enthalten:

(1) $F_0 := \mathbf{F}$.

(2)   Es wird zufällig oder heuristisch ein Muster erzeugt, und sämtliche Fehler aus F_i werden damit simuliert.

(3)   Falls in Schritt (2) weitere Fehler $X \subset F_i$ entdeckt wurden, werden $F_{i+1} := F_i \backslash X$ und $i := i+1$ gesetzt, und es wird wieder zu (2) gegangen. Falls kein Fehler (oder in anderen Versionen: falls wiederholt kein Fehler) neu entdeckt wurde, wird mit (4) fortgefahren.

(4)   Es wird ein Fehler $f \in F_i$ gewählt, für diesen Fehler mit einem deterministischen Testmustergenerator ein Muster konstruiert, und sämtliche Fehler aus F_i werden mit diesem Muster simuliert.

(5)   Mit den in Schritt (4) entdeckten Fehlern $X \subset F_i$ werden $F_{i+1} := F_i \backslash (X \cup \{f\})$ und $i := i+1$ gesetzt.

(6)   Falls $1 - (|F_i|/|F|)$ kleiner als die geforderte Fehlerüberdeckung ist, wird mit (4) fortgefahren und sonst beendet.

Dieses Vorgehen ist der Kern vieler in der Literatur dargestellter Testerzeugungsalgorithmen (/App83/, /BOTT77/, /El80/, /GoRo81/, /YMA77/ etc.). Es fallen insbesondere zwei Sachverhalte auf:

1.   Mit einem zufällig, heuristisch oder deterministisch generierten Muster werden stets alle noch nicht entdeckten Fehler simuliert.

2.   Der Umschaltpunkt zwischen Simulation und deduktiver Mustererzeugung wird a posteriori bestimmt - erst nachdem sich die Erfolglosigkeit der Simulation herausgestellt hat.

Diese beiden Punkte führen zu stark erhöhtem Simulationsaufwand für die Fehler mit einer geringen Fehlerentdeckungswahrscheinlichkeit. Fehler, von denen mit großer Sicherheit angenommen werden kann, daß sie nicht zufällig durch Simulation gefunden werden können, sollten daher durch den Testalgorithmus bevorzugt deterministisch behandelt werden.

Dazu benötigt man ein Verfahren zur Bestimmung von Fehlerentdeckungswahrscheinlichkeiten. Für jeden Fehler f seien s_f die zu erwartenden Kosten, um den Fehler durch Fehlersimulation zu finden. s_f hängt direkt von der zu erwartenden Zahl der notwendigen Muster und daher von der Fehlerentdeckungswahrscheinlichkeit ab. Der Wert D sei ein empirischer Wert, der für einen gegebenen deterministischen Testerzeugungsalgorithmus die durchschnittlichen Kosten wiedergibt, die bei einem Schaltnetz gegebener Größe für einen Fehler anfallen.

$<f_1,...,f_{nF}>$ sei eine bezüglich der Fehlerentdeckungswahrscheinlichkeit monoton steigende Aufzählung aller entdeckbaren Fehler. Für i := 1,...,nF werden die Mustermengen T_i und die mit diesem Mustermengen zu erkennenden Fehler F_i folgendermaßen bestimmt:

i=1:   Ist $s_{f1} \leq D$, so ist für alle Fehler aus F zu erwarten, daß die Testerzeugung durch Simulation billiger als eine deterministische Testerzeugung ist. Folglich werden optimierte oder konventionelle Zufallsmuster simuliert. Ist jedoch $s_{f1} > D$, so wird für f1 ein Testmuster t erzeugt und T1 := {t} gesetzt. Durch Fehlersimulation aller Fehler aus **F** wird die Menge der Fehler F_1 bestimmt, die durch T entdeckt werden.

i=j+1:   Falls f_i bereits entdeckt wurde, d. h. es ist $f_i \in F_j$, so setzt man $T_i := T_j$ und $F_i := F_j$. Sonst werden im Falle von $s_{fi} \leq D$ alle Fehler aus $F \backslash F_j$ durch Simulation behandelt, und bei $s_{fi} > D$ wird ein Muster t deterministisch für f_i generiert. Durch Simulation werden alle Fehler **G** als Teilmenge von $F \backslash F_j$ gefunden, die t entdeckt, und schließlich setzt man $F_i := G \cup F_j$ und $T_i := T_j \cup \{t\}$.

Dieses Vorgehen führt im *Durchschnitt* zu kleineren Testmengen und damit auch zu geringerer Rechenzeit und geringerer Testanwendungszeit. Für seine Validierung wurden für mehrere Schaltungen Testmengen erzeugt und jedem Fehler das Testmuster zugeordnet, das ihn zuerst entdeckt. Behandelt man die Fehler in aufsteigender Entdeckungswahrscheinlichkeit durch Simulation mit diesen Mustern, werden bei den untersuchten Schaltungen im Durchschnitt ca. 10 % weniger Testmuster benötigt als in der ursprünglichen unsortierten Reihenfolge. Die Einsparungen durch das Sortieren der Fehlerliste sind im Anhang tabelliert.

3.5.2 Berechnung von Testlängen

In der Zuverlässigkeitstheorie wird unter der *Fehlerlatenz* die Zahl der Zeiteinheiten verstanden, die durchschnittlich zwischen dem Auftreten eines Fehlers und dem Zeitpunkt verstreichen, an dem er erkannt wird (vgl. /ShMc75/). Die Berechnung der Fehlerlatenz erfolgt in gleicher Weise wie die Berechnung der Zahl der Zufallsmuster, die angelegt werden müssen, um einen Fehler f mit einer vorgegebenen Sicherheit zu erkennen. Ist p_f seine Entdeckungswahrscheinlichkeit, so ist $1-(1-p_f)^N$ die Wahrscheinlichkeit, daß er mit N unabhängigen Zufallsmustern erkannt wird.

Jedoch ist beim Produktionstest nicht so sehr gefragt, mit welcher Wahrscheinlichkeit ein bestimmter Fehler entdeckt wird, vielmehr ist die minimale Testlänge gesucht, welche die Überdeckung des gesamten Fehlermodells garantiert. Savir und Bardell /BaSa84/ haben unter folgenden zwei Voraussetzungen Abschätzungen für die Testlängen gegeben:

- Die Testmengen für zwei verschiedene Fehler sind disjunkt.

- Alle Fehler haben dieselbe Entdeckungswahrscheinlichkeit.

Mit diesen Annahmen konnten sie eine einfache Formel für die notwendige Testlänge angeben und zeigen, daß die so ermittelte Zahl im allgemeinen Fall eine obere Schranke darstellt.

Im folgenden wird auf beide Voraussetzungen verzichtet, denn in den seltensten Fällen sind die Testmengen tatsächlich disjunkt, im Gegenteil reicht zumeist eine kleine Testmenge aus, um sehr viele verschiedene Fehler zu entdecken. Der Verzicht auf die zweite Voraussetzung führt zwar dazu, daß sich die Abschätzung der Testlänge nicht mehr als einfache Formel angeben läßt, jedoch kann man sie stattdessen mit einem einfachen und effizienten Verfahren berechnen. Hierfür wird nur die zusätzliche Annahme benötigt, daß die Entdeckung zweier verschiedener Fehler durch dieselbe Testmenge der Mächtigkeit N zwei voneinander unabhängige Ereignisse sind. Diese Annahme wird umso besser erfüllt, je größer N ist.

F sei im folgenden eine Haftfehlermenge, die erkannt werden soll, G ein Zufallsmustergenerator, der Muster mit den Eingangswahrscheinlichkeiten $X := \langle x_i \mid i \in I \rangle$ erzeugt, und d sei die geforderte Sicherheit, mit der ganz F erkannt werden soll. Der Wert von d wird durch die geforderte Produktqualität bestimmt; eine ausführliche Herleitung gibt Williams in /Will84/ und /Will85/. Unter der oben genannten Voraussetzung muß eine Zahl N von Zufallsmustern angelegt werden, so daß gilt

(3.6)

$$d \approx \prod_{f \in F}(1 - (1-p_f)^N)$$

Unabhängig vom Autor haben empirische Untersuchungen /MaYa84/ ergeben, daß Formel (3.6) trotz ihrer vereinfachenden Voraussetzung die Wahrscheinlichkeit für die Fehlerüberdeckung korrekt modelliert.

Aus Formel (3.6) läßt sich N sehr effizient durch eine Intervallschachtelung bestimmen. Denn da d stets nahe 1 sein wird, sind die Terme $(1-p_f)^N$ von sehr kleinem Betrag und lassen folgende Abschätzung zu:

(3.7)

$$d \approx \prod_{f \in F} e^{-(1-p_f)^N}$$

Daraus folgt

(3.8)

$$\ln(d) \approx -\sum_{f \in F}(1-p_f)^N$$

Es sei nun $\langle f1,...,fr \rangle$ eine Aufzählung der Fehler mit aufsteigender Entdeckungswahrscheinlichkeit. Dann ist für alle $z \leq r$ und für alle natürlichen Zahlen m die Formel

(3.9)

$$l_z(m) := -(r-z+1)(1-p_{fz})^m - \sum_{i<z}(1-p_{fi})^m$$

eine untere Schranke für den Logarithmus der Wahrscheinlichkeit, daß m Muster alle Fehler entdecken. Entsprechend ist

(3.10)

$$u_z(m) := -\sum_{i<z}(1-p_{fi})^m$$

eine obere Schranke hierfür. Somit gilt

(3.11)

$$l_z(m) \leq - \sum_{f \in F}(1-p_f)^m \leq u_z(m)$$

Ist für ein $z \leq r$ weiter $l_z(m) \geq \ln(d)$, dann ist m größer als die erforderliche Musterzahl N, ist jedoch $u_z(m) \leq \ln(d)$, so ist m kleiner als die erforderliche Musterzahl.

Bereits in /BlDa76/ und in /BaSa84/ wurde erkannt, daß die Musterzahl N nur von den am schlechtesten erkennbaren Fehlern bestimmt wird. Um die gesuchte Musterzahl N mit der Formel (3.11) einzuschachteln, kann daher z in der Regel recht klein gewählt werden.

Die Gleichung (3.7) dient auch zu einer "worst case"-Abschätzung des Aufwandes beim Zufallstest. Gesetzt sei der ungünstigste Fall, daß alle r Fehler gleich schlecht mit Wahrscheinlichkeit p erkennbar sind. Dann wird (3.7) zu

(3.12)

$$d \approx e^{-r(1-p)^N}$$

Die Konfidenz d des Zufallstests soll nahe bei 1 sein, und es folgen

(3.13)

$$e^{-(1-d)} \approx e^{-r(1-p)^N}$$

(3.14)
$$1-d \approx r(1-p)^N.$$

Da im ungünstigen Fall p sehr klein ist, gelten

(3.15)

$$\frac{1-d}{r} \approx e^{-pN}$$

und

(3.16)
$$N \approx (\ln(r)-\ln(1-d))/p.$$

Unmittelbar aus (3.16) erhalten wir die Abhängigkeit der Zufallsmustermenge von den wichtigsten Test- und Schaltungsparametern:

- Die Testmenge wächst logarithmisch mit der Fehlerzahl.

- Die Testmenge wächst logarithmisch mit dem Kehrwert der zulässigen Unsicherheit (1-d) des Tests.

- Die Testmenge wächst umgekehrt proportional zur minimalen Fehlerentdeckungs - wahrscheinlichkeit p.

Die ersten beiden Punkte unterscheiden den Zufallstest von anderen Teststrategien, bei denen die Schaltungsgröße direkt exponentiell in den Testaufwand eingeht. Jedoch kann der Kehrwert von p ebenfalls exponentiell mit der Zahl der primären Eingänge der Schaltung wachsen. In Kapitel 6 finden sich Schaltungsbeispiele aus der Praxis, die für einen konventionellen Zufallstest über 10^{11} Muster benötigen. Hier ist ein Zufallstest nicht mehr wirtschaftlich durchführbar.

Abhilfe ist zum einen möglich, wenn PROTEST beim Entwurf oder bei der Synthese als Testbarkeitsmaß eingesetzt wird, um ein Absinken der minimalen Fehlerentdeckungswahrscheinlichkeit unter ein bestimmtes Minimum zu verhindern. Zum anderen kann bereits ohne jeden Eingriff in die Schaltungsstruktur die notwendige Musterzahl drastisch gesenkt werden, wenn für die primären Eingänge einer Schaltung ihre spezifischen optimalen Eingangswahrscheinlich - keiten angelegt werden.

3.6 Behandlung von Redundanz

Die Formeln zur Abschätzung von Testlängen können dadurch verzerrt werden, daß stets nur Schätzwerte für die Fehlerentdeckungswahrscheinlichkeit zur Verfügung stehen. Da die Wahrscheinlichkeit geschätzt wird, ob Fehler durch Sensibilisierung eines einzigen Pfades entdeckt werden, und da dies systematisch unter der tatsäch lichen Fehlerentdeckungswahrscheinlichkeit liegt, liefern die im vorhergehenden Kapitel aufgestellten Formeln tendenziell längere Tests, als tatsächlich notwendig wären. Diese Verzerrung brauchte jedoch nicht ausgeglichen zu werden, da sie zu einer Erhöhung der Wirksamkeit eines Zufallstest und nicht zu einer Verringerung führt.

Anders verhält es sich beim Vorkommen von Redundanz. Wenn der oben vorgestellte Algorithmus eine Signalwahrscheinlichkeit von exakt 0 (exakt 1) schätzt, dann ist der tatsächliche Wert der Signalwahrscheinlichkeit ebenfalls exakt 0 (1). Folglich wird in diesem Fall Redundanz erkannt. Allerdings kann man im umgekehrten Fall nicht immer Redundanz erkennen. Es kann nicht entdeckbare Fehler geben, für die PROTEST eine Entdeckungswahrscheinlichkeit > 0 schätzt. Dies ist eine einfache Folge von Satz 2.1.

LOKALE REDUNDANZ:

Lokale Redundanz liegt vor, wenn es in einem kleinen Teilschaltnetz einen Fehler gibt, der auf das Verhalten dieses Teilschaltnetzes nach außen keinen Einfluß hat. Bild 3.3 zeigt einen Komparator, der meldet, ob das Wort A größer oder gleich dem Wort B ist.

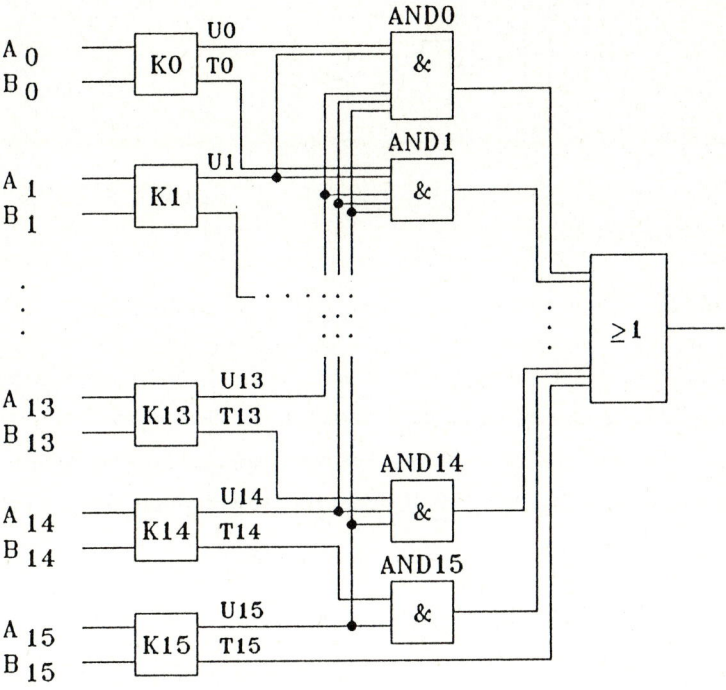

Bild 3.3:   Komparator

In der Schaltung kommen 16 1-bit-Komparatoren nach Bild 3.4 vor. In keinem dieser kleinen Komparatoren ist der eingezeichnete Haftfehler an "1" zu erkennen, denn dieser Haftfehler könnte nur mit $(A,B) = (1,0)$ nach U weitergeleitet werden, aber mit dieser Belegung ist T wahr. Wenn ein AND_j Gatter aus Bild 3.3 das Signal von U an das OR Gatter weiterleitet, dann ist stets auch der Ausgang des AND_{j-1} Gatters wahr. Also ist auch der Ausgang des ORs wahr und der Fehler nicht erkennbar.

Dies wird von PROTEST auch gemeldet, selbst dann, wenn der 16-bit-Komparator aus Bild 3.3 Teil eines größeren Schaltnetzes ist und somit lokale Redundanz vorliegt. Insgesamt wird lokale Redundanz solange sicher erkannt, wie die Zahl der dazu notwendigen Verbindungsknoten in dem Teilschaltnetz den Parameter MAXVERB nicht übersteigt.

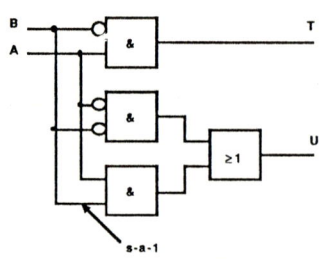

Bild 3.4:   1-bit-Komparator

GLOBALE REDUNDANZ

Globale Redundanz liegt vor, wenn in keinem Teilschaltnetz der Schaltung bis zu einer bestimmten Größe lokale Redundanz vorliegt, aber dennoch in der Gesamtschaltung nicht entdeckbare Fehler sind. Wir betrachten hierfür die von Texas Instruments vorgeschlagene Kaskadierung ihres 4-Bit Komparators SN7485 /TI80/. Jeder dieser Komparatoren hat folgenden Schaltplan (Bild 3.5):

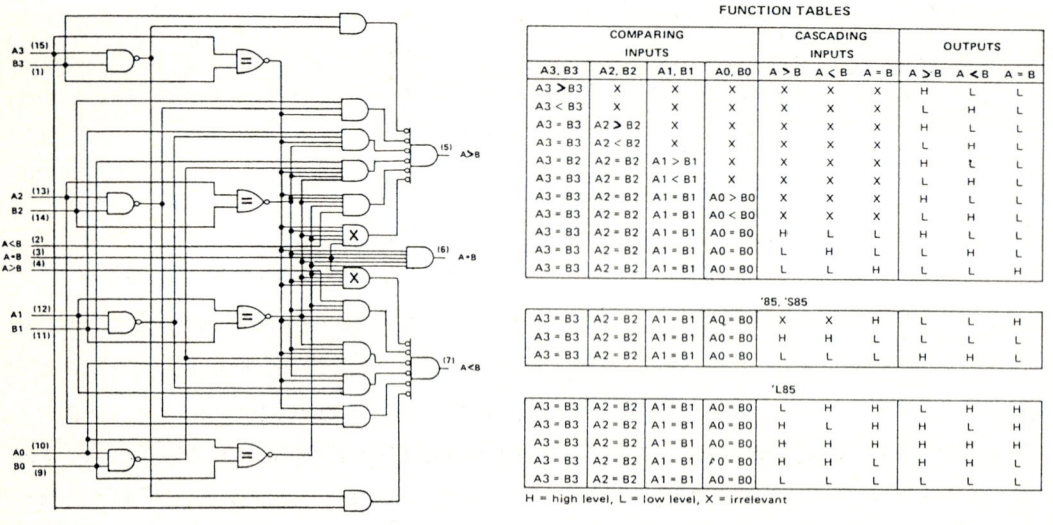

Bild 3.5:   Schaltplan und Funktionstabelle des SN7485 nach/TI80/

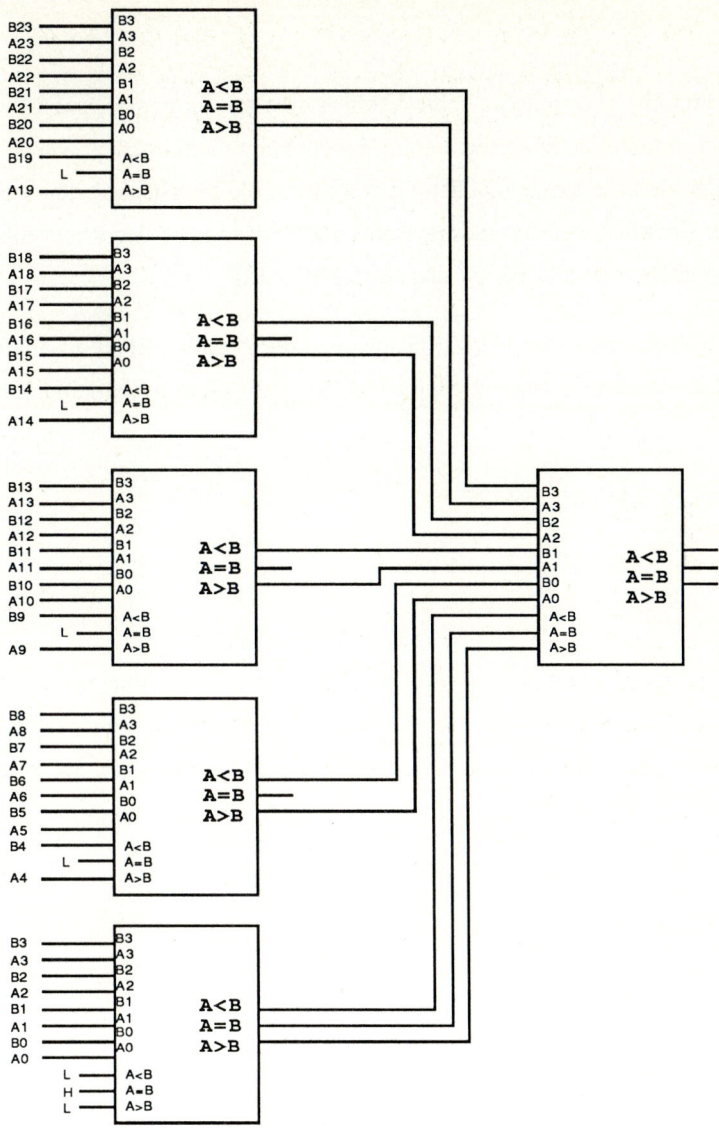

Bild 3.6: Kaskadierung von 4-Bit Komparatoren nach Texas Instruments /TI80/

Wir stellen fest, daß am Ausgang des Moduls I folgende Belegungen nicht vorkommen: (A>B,A<B,A=B) ≠ (HHH), (HLH), (LHH). Aber genau diese Belegungen wären notwendig, um in Modul II die mit X markierten Gatter auf ständig 0 zu testen. Selbst wenn in Modul I und in Modul II keine lokalen Redundanzen sind, so gibt es in der kaskadierten Gesamtschaltung globale Redundanz, da Pfade, die in Modul I verzweigen, erst viel später rekonvergieren. Diese

Redundanzen können mit kleinen Werten für MAXVERB von PROTEST zumeist nicht erkannt werden.

PROTEST ermöglicht es jedoch, seine Vorhersagen mit einer statischen Fehlersimulation zu validieren. Falls dabei die erwartete Fehlerüberdeckung nicht erreicht wurde, kann Redundanz vorliegen. Hier bleibt einem manuellen Entwerfer nur die Möglichkeit, seine Schaltung zu überarbeiten. Die Entwürfe des Synthesesystems CADDY sind in der Regel minimiert und daher auch redundanzfrei (siehe Kapitel 1 und /Rose84/, p.28).

Im Fall von Redundanz bieten der Zufallstest und die Zufallstestbarkeitsanalyse keine Vorteile gegenüber den anderen Teststrategien, die dies ebenfalls nicht behandeln können.

4 Die Bestimmung effizienter Zufallstests

In diesem Kapitel untersuchen wir, wie für ein Schaltnetz Eingangswahrscheinlichkeiten hergeleitet werden können, die für einen Zufallstest besonders geeignet sind. In Abschnitt 4.1 stellen wir für Eingangswahrscheinlichkeiten eine neue Gütefunktion auf, die ihr Minimum annimmt, wenn besonders kurze Testlängen benötigt werden.

Im darauf folgenden Abschnitt untersuchen wir solche mathematische Eigenschaften dieser Gütefunktion, die ihre Minimierung erleichtern. Wir werden feststellen, daß nur in Sonderfällen ein effizienter Algorithmus angegeben werden kann, der ein globales Minimum findet, da in der Regel die Gütefunktion keiner der bekannten Klassen von Optimierproblemen angehört.

Es ist jedoch möglich, ein einfaches Kriterium anzugeben, bei dessen Erfüllung die Gütefunktion *konvex* ist, so daß in diesem Fall mit relativ einfachen Mitteln ein globales Optimum berechnet werden kann. Zumeist ist dieses Kriterium jedoch nicht erfüllt, und es muß mit approximativen Verfahren versucht werden, zumindest ein lokales Minimum zu finden. Zur Konstruktion solcher approximativer Verfahren zeigen wir in Abschnitt 4.4, daß für eine Eingangsvariable genau eine optimale Eingangswahrscheinlichkeit existiert und sehr effizient berechnet werden kann, wenn vorausgesetzt wird, daß die anderen Eingangswahrscheinlichkeiten konstant sind. Diesen Sachverhalt benutzen wir, um danach effiziente Heuristiken zur Minimierung der Gütefunktion aufzustellen.

Die Analyse der bekannten Beispielschaltungen für Testwerkzeuge in Kapitel 6 zeigt, daß mit den so optimierten Zufallsmustern in den Fällen, wo ein konventioneller Zufallstest zu umfangreich und damit undurchführbar wäre, eine ausreichende Fehlerüberdeckung zu erreichen war und daß sich der Umfang der notwendigen Mustermenge um mehrere Größenordnungen reduzierte.

4.1 Gütefunktionen für den Zufallstest

Zur Begründung der Gütefunktion greifen wir auf die Ergebnisse von Abschnitt 3.5 zurück. Dort wurde in Formel (3.6) die Wahrscheinlichkeit angegeben, daß N Zufallsmuster ganz F entdecken:

$$d_N \approx \prod_{f \in F} (1 - (1 - p_f)^N)$$

Da die Entdeckungswahrscheinlichkeit eines jeden Fehlers $f \in F$ von den Eingangswahrscheinlichkeiten $X := \langle x_i \mid i \in I \rangle \in [0,1]^I$ abhängt, wird dieser Parameter noch hinzugefügt, und es gilt

(4.1)

$$d_N(X) \approx \prod_{f \in F} (1-(1-p_f(X))^N).$$

Wie in Kapitel 3.5 wird umgeformt, und man erhält ein Analogon zu Formel (3.8):

(4.2)

$$\ln(d_N(X)) \approx -\sum_{f \in F} (1-p_f(X))^N) \approx -\sum_{f \in F} e^{-Np_f(X)}.$$

Daher nennen wir im folgenden ein Tupel X von Eingangswahrscheinlichkeiten *optimal bezüglich N,* wenn die Gütefunktion

(4.3)

$$J_N(X) := \sum_{f \in F} e^{-Np_f(X)}$$

minimal in $[0,1]^I$ ist.

4.2 Eigenschaften der Gütefunktion

Wir nehmen an, daß wir für jeden primären Eingang der Schaltung Zufallsmuster mit einer beliebigen Wahrscheinlichkeit aus $[\mu,1-\mu]$, $0 < \mu \ll 1$, erzeugen können. Weiter setzen wir im folgenden stets voraus, daß die Schaltung nur einen primären Ausgang hat. Die diskutierten Sachverhalte gelten sämtlich auch für Schaltnetze mit mehreren Ausgängen, die elementaren Erweiterungen der Beweise seien dem Leser überlassen.

Obwohl wir bei der Optimierung der Funktion aus (4.3) ein stochastisches Problem zu lösen haben, sind die Werkzeuge, die in der Theorie der *stochastischen Optimierung* bereitgestellt werden, hierfür ungeeignet. Die Aufgabe der stochastischen Optimierung besteht in der Suche nach geeigneten Zufallsvariablen aus einem beliebigen Raum, zumeist dem Raum der reellen Zahlen $\mathbf{R}^n$. Unsere Zufallsvariablen stammen jedoch aus einem zweiwertigen Booleschen Raum, und wir können daher statt mit den Verteilungsfunktionen direkt mit den Erwartungswerten rechnen. Dadurch wird das stochastische Optimierproblem auf ein deterministisches zurückgeführt, das leichter zu behandeln ist (vgl. /Hadl69/, /BrSe81/).

Aber auch deterministische Optimierungs aufgaben lassen sich nur in Sonderfällen analytisch lösen (vgl. /BlOe75/). Wir werden sehen, daß unsere Optimieraufgabe ebenfalls nur in Ausnahmen exakt behandelbar ist, und können für den allgemeinen Fall nur Heuristiken angeben.

Wir haben es mit einem Problem der *statischen Optimierung* zu tun und können daher weder auf die etablierte Variationsrechnung noch auf die Theorie der optimalen Prozesse zurückgreifen, für die eine Reihe von Existenz- und Eindeutigkeitsbeweisen existiert (vgl. /PONT62/ und eine Anwendung durch den Autor in /WuWa84/).

Auf dem Gebiet der statischen Optimierung läßt sich das Problem ebenfalls nicht in eine der leicht behandelbaren Klassifizierungen einordnen. Offensichtlich ist die zu optimierende Gütefunktion stark nichtlinear, so daß weder die Existenz- und Eindeutigkeitsbeweise der linearen Theorie noch deren numerische Verfahren anwendbar sind. Im Bereich der nichtlinearen Programmierung haben wir es ebenfalls nicht mit einer quadratischen Optimierungsaufgabe zu tun. Im folgenden untersuchen wir, inwieweit es zumindest möglich ist, Ergebnisse der *konvexen* oder *unimodalen Theorie* zu verwenden.

4.2.1 Zur Konvexität der Gütefunktion

In Abschnitt 2.1.2 haben wir einige grundlegende Sachverhalte über konvexe Optimierung zusammengestellt. Nach Satz 2.9 nimmt jede stetige, reellwertige Funktion und damit auch die Gütefunktion auf $[\mu,1-\mu]^{\mathbf{I}}$ ein Minimum an. Nach Satz 2.10 gilt für Schaltnetze mit einer konvexen Gütefunktion:

-        Es gibt genau ein Tupel optimaler Eingangswahrscheinlichkeiten.

-        Jedes relative Optimum ist auch global in $[\mu,1-\mu]^{\mathbf{I}}$.

Im Anhang haben wir ein Kriterium dafür hergeleitet, daß die in diesem Satz beschriebene *Hessesche Matrix* der Gütefunktion streng positiv definit und daher die Gütefunktion nach Satz 2.11 konvex ist. Zur Darstellung dieses Kriteriums und für die Herleitung des gewählten Optimierverfahrens im kommenden Abschnitt verwenden wir die Tatsache, daß auch die Funktion $p_f(x)$ eine arithmetische Einbettung ist, und zwar eine Einbettung derjenigen Booleschen Funktion, die genau dann wahr wird, wenn ein Testmuster für f anliegt.

Jetzt stellen wir für unsere Gütefunktion $J_N(X)$ die Hessesche Matrix auf. Es bezeichnen $p_f(X,0_i)$ bzw. $p_f(X,1_i)$ die Entdeckungswahrscheinlichkeit des Fehlers f, wenn die i-te Komponente der Eingangswahrscheinlichkeit X mit einer 0 bzw. einer 1 ausgetauscht wurde. Nach Folgerung 2.2 gilt:

(4.4) $\qquad p_f(X) = x_i p_f(X,1_i) + (1-x_i)p_f(X,0_i) = p_f(X,0_i) + x_i(p_f(X,1_i)-p_f(X,0_i)).$

Die Gütefunktion

(4.5)

$$J_N(X) := \sum_{f \in \mathbf{F}} e^{-N p_f(X)}$$

besitzt die ersten partiellen Ableitungen

(4.6)

$$\frac{dJ_N(X)}{dx_i} = \sum_{f \in \mathbf{F}} N(p_f(X,0_i)-p_f(X,1_i))e^{-p_f(X)N}$$

Für $i \neq j$ erhält man die zweiten Ableitungen

(4.7)

$$\frac{d^2 J_N(X)}{dx_i dx_j} = \sum_{f \in \mathbf{F}} (N^2(p_f(X,0_i)-p_f(X,1_i))(p_f(X,0_j)-p_f(X,1_j))e^{-p_f(X)N} -$$

$$N \frac{d^2 J_N(X)}{dx_i dx_j} e^{p_f(X)N}$$

und für $i = j$

(4.8)

$$\frac{d^2 J_N(X)}{d^2 x_i} = \sum_{f \in \mathbf{F}} N^2 (p_f(X,0_i)-p_f(X,1_i))^2 e^{-p_f(X)N}$$

Die Hessesche Matrix hat daher für unsere Gütefunktion die Gestalt

(4.9)

$$H(X) = N^2 (\sum_{f \in \mathbf{F}} e^{-p_f(X)N} (A_f(X) - \frac{1}{N} B_f(X)))$$

hierbei sind

$$B_f := \frac{d^2 p_f(X)}{dx_i dx_j}$$

und $A_f(X) := (a(X)_{i,j})$ Matrizen mit

$$a(X)_{i,j} := (p_f(X,0_i)-p_f(X,1_i))((p_f(X,0_j)-p_f(X,1_j)).$$

Definieren wir den Vektor

(4.10) $a_f(X) := ((p_f(X,0_1)-pf(X,1_1)),...,(p_f(X,0_n)-pf(X,1_n)))'$,

so ist

$$A_f(X) = a_f(X) * a_f(X)'.$$

Es sei $s_i(X)$ die Wahrscheinlichkeit, daß der Eingang i am Schaltungsausgang zu beobachten, d. h. daß die Boolesche Differenz der Schaltungsfunktion nach x_i wahr ist. Dann ist die Entdeckungswahrscheinlichkeit des Haftfehlers an 0 gleich $x_i * s_i(X)$ und des Haftfehlers an 1 gleich $(1-x_i) * s_i(X)$.

Im Anhang beweisen wir, daß für eine ausreichend große Musterzahl N die Gütefunktion dann konvex ist, wenn für alle Eingänge i der Schaltung die minimale Fehlerentdeckungswahrscheinlichkeit p aus dem Fehlermodell **F** folgende Ungleichung erfüllt:

(4.11)

$$p \geq x_i s_i(X) - \frac{1}{N} \ln(\frac{s_i(X)}{(1-x_i)^2 p})$$

Das Argument des Logarithmus ist eine Zahl deutlich größer als 1, und daher ist die rechte Seite der Ungleichung tatsächlich kleiner als $x_i s_i(X)$. Bei der Herleitung dieser Abschätzung wurde mehrmals sehr grob gerundet, so daß in vielen Fällen Konvexität vorliegt, obwohl (4.11) nicht erfüllt ist. Im Einklang mit den Abschätzungen nach Abschnitt 3.5 wurde für die Größe von N hierbei $Ns_i(X) \geq 2n|F|/\mu^2$ vorausgesetzt.

Qualitativ führt uns (4.11) zu folgender Aussage:

Die Gütefunktion für ein Schaltnetz ist in einem Gebiet aus $[\mu,1-\mu]^I$ konvex, wenn dort alle Haftfehler an den primären Eingängen annähernd dieselbe Entdeckungswahrscheinlichkeit und die sonstigen Fehler eine deutlich höhere Entdeckungswahrscheinlichkeit haben.

Jedoch ist im allgemeinen Fall die Gütefunktion nicht konvex. Im kommenden Abschnitt werden zur Demonstration einfache Beispiele für Konvexität und für Multimodalität angeführt.

4.2.2 Beispiele für konvexe und multimodale Gütefunktionen

S1 sei ein 16-bit-Dekodierer, der für den Wert 54321 ein Signal erzeuge. Die Funktion dieser Schaltung wird wahr für die Eingabe

$$X = <x0,...,x15> = <1000110000101011>$$

(vgl. Bild 4.1).

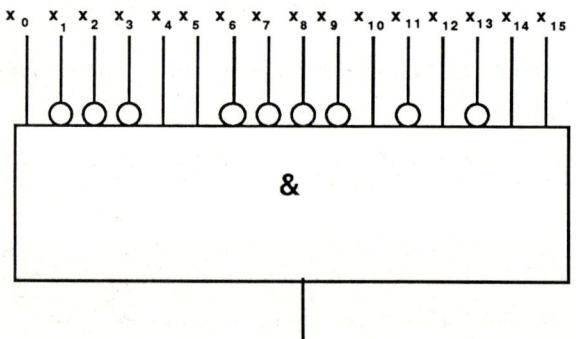

Bild 4.1: Dekodierer

Die Formel

$$S(X):=$$

$$x_0(1-x_1)(1-x_2)(1-x_3)x_4x_5(1-x_6)(1-x_7)(1-x_8)*$$

$$(1-x_9)x_{10}(1-x_{11})x_{12}(1-x_{13})x_{14}x_{15}$$

bezeichnet die Wahrscheinlichkeit, daß die Funktion wahr wird. Für jedes

$$i = 0, 4, 5, 10, 12, 14, 15$$

ist

$$s_i(X) := S(X)/x_i$$

die Wahrscheinlichkeit, daß von x_i zu dem Funktionsausgang ein Pfad sensibilisiert wird. Für die übrigen Eingänge i gilt

$$s_i(X) := S(X)/(1-x_i).$$

Es bezeichne f0-i den Haftfehler an 0 am Eingang i und f1-i en Haftfehler an 1. Die entsprechenden Entdeckungswahrscheinlichkeiten sind dann

$$P_{f0-i} = x_i * s_i(X)$$

und

$$Pf_{1-i} = (1-x_i) * s_i(X).$$

Wenn alle x_i die Eingangswahrscheinlichkeit 0.5 haben, dann haben alle diese Fehlerentdeckungswahrscheinlichkeiten den Betrag von 2^{-16}.

Um alle Haftfehler an den primären Eingängen zu entdecken, müssen für folgende Fehler Tests angelegt werden:

1-7   Für alle i=0, 4, 5, 10, 12, 14, 15 müssen die Haftfehler an 1 getestet werden.

8-16   Für die restlichen Eingänge müssen die Haftfehler an 0 getestet werden.

17   Für ein i=0, 4, 5, 10, 12, 14, 15 ist ein Haftfehler an 0 oder für einen anderen Eingang ein Haftfehler an 1 zu testen.

Dies sind zusammen 17 Fehler, und nach Formel (3.6) ist die Wahrscheinlichkeit d, daß N konventionell erzeugte Zufallsmuster alle Fehler finden, ungefähr gleich

$$d \approx (1-(1-2^{-16})^N)^{17}.$$

Fordern wir d = 0.95, so ist etwa eine Mustermenge nötig vom Umfang

$$N \approx \frac{\ln(1-\frac{d}{17})}{\ln(1-2^{-16})} \approx 380\,000.$$

Folglich wäre ein erschöpfender Test sogar noch um ein Vielfaches kürzer als ein konventioneller Zufallstest. Diese Schaltung gehört zu den in der Literatur erwähnten Problemfällen, in denen hohes Fan-In den Zufallstest erschwert /ShMc75/.

Für $x_i = 0.5$ ist das Kriterium (4.11) erfüllt und die Gütefunktion konvex. Optimieren wir daher und legen an die Schaltung Muster der Eingangswahrscheinlichkeit

$$X_{opt} := <15/16, 1/16, 1/16, 1/16, 15/16, 15/16, 1/16, 1/16, 1/16, 1/16, 15/16, 1/16, 15/16,$$
$$1/16, 15/16, 15/16>$$

an, so ist die minimale Fehlerentdeckungswahrscheinlichkeit

$$(1/16)(15/16)^{15} \approx 0.024,$$

die 16mal vorkommt, und einmal

$$(15/16)^{16} \approx 0.356.$$

Der drastische Anstieg der Fehlerentdeckungswahrscheinlichkeiten führt dazu, daß in diesem Fall nur ca. 240 Muster nötig wären. Obwohl an der Stelle X_{opt} das Kriterium (4.11) nicht mehr erfüllt ist, ist die aufgestellte Gütefunktion auch hier konvex. Unter Ausnutzung der Tatsache, daß für jeden Fehler die Entdeckungswahrscheinlichkeit als arithmetische Einbettung eines einzigen Minterms ausgedrückt werden kann, läßt sich ähnlich wie beim Beweis von (4.11) im Anhang sogar zeigen, daß die zu dieser Schaltung gehörende Gütefunktion überall konvex ist, daher ein eindeutig bestimmtes Minimum hat und an diesem Minimum zu moderaten Testlängen führt.

Völlig anders ist der Sachverhalt bei der folgenden Schaltung S2.

Diese Schaltung vergleicht zwei Worte v und w der Länge 16 und ist bei Gleichheit wahr (vgl. Bild 4.2). Die Aufgabenstellung kommt u. a. beim Signaturvergleich vor.

Sowohl von v_i als auch von w_i ist ein Pfad zu einem primären Ausgang genau dann sensibilisiert, wenn für alle $j \neq i$ stets $w_j = v_j$ gilt. Wenn wir arithmetische und Boolesche Variablen gleich bezeichnen, so folgt

$$s_i(v,w) = \prod_{i \neq j}(1-w_j-v_j+2v_jw_j)$$

Der Haftfehler s-a-0 von w_i hat die Entdeckungswahrscheinlichkeit

$$w_i * s_i(v,w),$$

s-a-1 hat die Entdeckungswahrscheinlichkeit

$$(1-w_i)*s_i(v,w),$$

und die v_i verhalten sich entsprechend. Sofort sieht man, daß für

$$<v,w> = <0.5,...,0.5>$$

das Kriterium (4.11) erfüllt und die Gütefunktion in einer Umgebung um diesen Punkt konvex ist. Alle Fehler haben hier ebenfalls die sehr geringe Entdeckungswahrscheinlichkeit

$$0.5*(1-0.5-0.5+2*0.5*0.5)^{15}=2^{-16},$$

und wir benötigen daher eine ähnliche Mustermenge von mehreren 100 000 Mustern wie bei Schaltung S1.

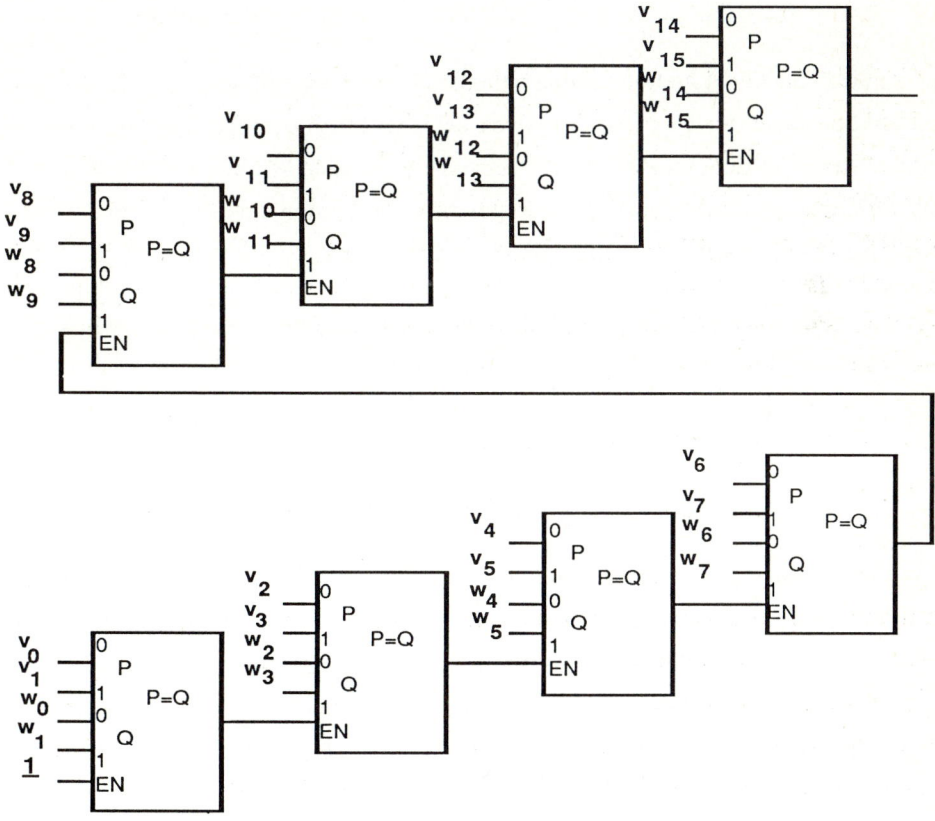

Bild 4.2: 16-bit-Vergleicher kaskadiert aus Elementen der VENUS-Zellbibliothek /SEMI85/

Am Punkt

$$<0.95,...,0.95>$$

steigt jedoch die Entdeckungswahrscheinlichkeit beträchtlich, es ist für alle i

$$s_i(v,w) \approx 0.22,$$

die minimale Fehlerentdeckungswahrscheinlichkeit ist größer als 0.01, und nur wenige hundert Muster sind nötig.

Genau derselbe Sachverhalt trifft jedoch auch bei

$$<0.05,...,0.05>$$

zu. Da

$$1/2*<0.05,...,0.05> + 1/2*<0.95,...,0.95> = <0.5,...,0.5>$$

ist und zugleich die Gütefunktion sowohl bei 0.05 als auch bei 0.95 kleiner ist als bei 0.5, kann diese Funktion nicht auf ganz $[0,1]^I$ konvex sein. Es läßt sich sogar zeigen, daß die Gütefunktion dieser Schaltung mindestens 2^{16} verschiedene lokale Minima hat. An diesem Gegenbeispiel sieht man unmittelbar, daß in der Regel die Gütefunktion nicht konvex und nicht einmal unimodal ist, sondern mehrere relative Minima besitzen kann.

Da sich allerdings auch bei relativen Minima die Musterzahl sehr wesentlich reduzieren kann, wird im nächsten Abschnitt ein Verfahren vorgeschlagen, relative Minima zu approximieren.

4.3 Zur Auswahl des Optimierverfahrens

Wir haben festgestellt, daß sich die Gütefunktion in keine der bekannten Klassifizierungen von Optimierungsproblemen einordnen läßt, die leicht behandelbar sind. Sie gehört im Gegenteil in den Bereich der glatten Probleme mit mehreren Extrema ("smooth multi-extremal problems"). A. S. Nemirovsky und D. B. Yudin haben in /NeYu83/ versucht, eine Komplexitätstheorie für stetige Optimierungsprobleme aufzustellen, und konnten zeigen, daß für diese Problemklasse im Durchschnitt exponentieller Aufwand bezüglich der Zahl der Variablen und der geforderten Genauigkeit des Ergebnisses erwartet werden muß.

Daher müssen wir auf die Suche nach einem globalen Optimum verzichten und beschränken uns auf Verfahren, die ein lokales Optimum approximieren. Hier hilft uns der Satz (siehe z. B. /OrRh73/):

SATZ 4.1: Es sei f:$[0,1]^I \to$ R differenzierbar. Wenn an x $\in [0,1]^I$ alle $df(x)/dx_i = 0$ sind und die Hessesche Matrix an x positiv definit ist, dann nimmt f an x ein lokales Minimum an.

Eine Konsequenz von Satz 4.1 ist die Konvexität einer zu optimierenden Funktion in der Umgebung eines solchen lokalen Optimums. Zahlreiche Optimierverfahren nutzen dies, jedoch kommen die meisten dieser Verfahren wegen Besonderheiten unserer Gütefunktion nicht in Betracht.

Die Optimierverfahren, die auf den (erweiterten) *Newton*-Algorithmus aufbauen, verlangen Berechnungen mit der Hesseschen Matrix. Dies ist jedoch für unsere Gütefunktion aus Komplexitätsgründen nicht möglich. Denn beim Scan Design und auch bei Selbsttestverfahren mit BILBOs wird jedes Speicherelement zu einer zu optimierenden Variablen, so daß Schaltnetze mit mehreren hundert bis tausend Eingängen entstehen. Bei jedem Iterationsschritt wäre also erneut eine (1000 * 1000) Matrix zu berechnen, wobei jedes Element der Matrix durch das in Kapitel 3 beschriebene Testbarkeitsmaß bestimmt werden muß. Diese Berechnung erfolgt in linearem Aufwand zur Schaltungsgröße, so daß sich insgesamt ein kubischer *Mindest*aufwand ergibt. Dies ist für VLSI-Schaltungen nicht mehr praktikabel.

Die sogenannte "Variable Metric Method" /FlPo63/ verzichtet auf die explizite Berechnung der Hesseschen Matrix und erstellt stattdessen iterativ Matrizen, die sich der Inversen der Hesseschen Matrix annähern. Hierzu sind bei jedem Iterationsschritt Matrixmultiplikation und -inversion notwendig, die für solche großen Matrizen mit Hunderten bis Tausenden von Variablen nicht mehr effizient ausgeführt werden können. Dies gilt auch für andere Varianten dieses Vorgehens (siehe z. B. /KÜNZ79/, Kapitel 15).

Es bleiben daher nur noch elementare Methoden wie das Verfahren des "steilsten Abstiegs" und das Verfahren des "zyklischen Abstiegs". Diese beiden Verfahren sind nicht nur deshalb besonders gut geeignet, weil sie Matrixoperationen vermeiden, sondern auch, weil sie den Gradientenvektor unserer Gütefunktion ($dJ_N(X)/dx_i$) benutzen, der mit geringem Aufwand berechnet werden kann. Bevor wir diese beiden Verfahren analysieren, notieren wir noch einige Beobachtungen über die Gütefunktion.

4.4 Optimierung bezüglich einer Variablen

In diesem Abschnitt zeigen wir, daß für ein gegebenes Tupel von Eingangswahrscheinlichkeiten $X := <x_i \mid i \in I>$ und für jede Komponente x_j genau ein Wert y existiert, so daß $J_N(X')$ minimal wird, wenn in X' der Wert von x_j durch y ersetzt ist. Mit der bereits oben eingeführten Schreibweise hat also die Funktion $J_N(X,y_i)$ $(= J_N(X'))$ für festes X genau ein lokales und damit auch globales Minimum an y im Einheitsintervall.

Wir werden zeigen, wie dieses eindeutig bestimmte Minimum analytisch zu finden ist, und wir werden ein effizientes Verfahren für seine Berechnung angeben. Kern dieses Verfahrens ist die sehr einfache Bestimmung der partiellen Ableitung an x_i.

BEOBACHTUNG 4.2: Für ein beliebiges festes $X \in]0,1[^I$ und für ein N, das die Anforderungen nach Abschnitt 3.2 erfüllt, gelten sowohl $J_N(X) < J_N(X,0_i)$ als auch $J_N(X) < J_N(X,1_i)$.

Dies folgt daraus, daß für eine konstante Eingangsbelegung mindestens ein Haftfehler am Eingang nicht erkennbar, also mindestens ein $pf(X,y_i) = 0$ und daher $J_N(X,y_i) > e^0 = 1$ ist.

BEOBACHTUNG 4.3: Auf dem gesamten Einheitsintervall ist $d^2J_N(X)/d^2x_i > 0$.

Diese Beobachtung folgt unmittelbar aus der bereits oben abgeleiteten Formel:

(4.8)

$$\frac{d^2 J_N(X)}{(dx_i)^2} = \sum_{f \in F} N^2 (p_f(X,0_i) - p_f(X,1_i))^2 e^{-p_f(X)N}$$

Die nachstehende Schlußfolgerung ist die Basis für das tatsächlich implementierte Optimierverfahren:

FOLGERUNG 4.4:

- Für ein festes X existiert genau ein y im Einheitsintervall mit $dJ_N(X,y_i)/dy = 0$.

- Für ein festes X existiert genau ein y im Einheitsintervall, so daß $J_N(X,y_i)$ minimal ist.

Zur Bestimmung dieses globalen Minimums ist die Gleichung

(4.12) $dJ_N(X,y_i)/dy = 0$

zu lösen.

Die einmalige Berechnung der partiellen Ableitung kann sehr effizient durch Aufrufen des Testbarkeitsmaßes mit der Belegung $<X,0_i>$ und mit der Belegung $<X,1_i>$ erfolgen:

(4.6)

$$\frac{dJ_N(X,y_i)}{dy} = \sum_{f \in F} N(p_f(X,0_i)-p_f(X,1_i))e^{-p_f(X,y_i)N}$$

wobei wir uns an

$$p_f(X,y_i) = p_f(X,0_i) + y(p_f(X,1_i)-p_f(X,0_i))$$

erinnern.

Sind bereits einmal die Entdeckungswahrscheinlichkeiten $p_f(X,0_i)$ und $p_f(X,1_i)$ bestimmt worden, so ist zur Berechnung von $dJ_N(X,y_i)/dy$ nur noch die Summe (4.6) auszuwerten. Aber auch dies hat nicht für ganz F zu geschehen, sondern, wie in Kapitel 3 bereits ausgeführt, nur für den kleinen Bruchteil der Fehler mit der geringsten Entdeckungswahrscheinlichkeit.

Genau dasselbe gilt auch für die Berechnung der zweiten partiellen Ableitung:

(4.8)

$$\frac{d^2J_N(X,y_i)}{(dy)^2} = \sum_{f \in F} N^2(p_f(X,0_i)-p_f(X,1_i))^2 e^{-p_f(X,y_i)N}$$

Eine numerische Iteration, die auf der Grundlage partieller Ableitungen arbeitet, muß unabhängig von ihrer Länge nur zweimal Fehlerentdeckungswahrscheinlichkeiten schätzen. Daher benötigt die Newtonsche Iteration bezüglich einer Variablen nur geringfügig mehr Aufwand als der doppelte Aufruf des Schätzalgorithmus von Kapitel 3. Diese Iteration berechnet ausgehend von einem Wert y den Folgewert y^+ durch

(4.13)

$$y^+ := y - \frac{\dfrac{dJ_N(X,y_i)}{dy}}{\dfrac{d^2J_N(X,y_i)}{(dy)^2}} \; .$$

Nach Folgerung 4.4 ist sicher, daß das Verfahren zu einer eindeutigen Lösung konvergiert. In den nächsten beiden Abschnitten untersuchen wir, wie diese Ergebnisse für eine globale Optimierung genutzt werden können.

4.5 Die Methode des steilsten Abstiegs

Im folgenden bezeiche $J_N'(X)$ den Gradientenvektor $(dJ_N(X,y_i)/dy)$. Anschaulich beschreibt die Gütefunktion ein "Gebirge" in $[0,1]^I$. Die Methode des steilsten Abstiegs besteht darin, von einem gegebenen Punkt aus eine bestimmte Strecke in diejenige Richtung zu gehen, in welcher das Gefälle am größten ist. D.h. es wird eine Folge konstruiert durch

(4.14) $y^+ = y - \alpha J_N'(y),$

wobei $\alpha \in \mathbf{R}$, $\alpha \geq 0$, mit minimalem $J_N(y-\alpha J_N'(y))$ ist.

Der Vektor $-\alpha J_N'(y)$ ist die Richtung des steilsten Abstiegs. Diese Richtung ist zwar besonders günstig im Punkt y, sie kann aber umso unbrauchbarer sein, je weiter man vom Ausgangspunkt y entfernt, d. h. je größer α ist. Insbesondere zwei Eigenschaften der Gütefunktion werfen bei dieser Methode Probleme auf:

-     Die Bestimmung des Gradienten $J_N'(y)$ kann quadratischen Aufwand bezüglich der Schaltungsgröße erfordern, wobei für i=1,..,n die Berechnung der $dJ_N(X,y_i)/dy$ nacheinander zu geschehen hat. Es erscheint unmittelbar einsichtig, daß ein genaueres Ergebnis ohne Mehraufwand zu erreichen ist, wenn die Bestimmung von $dJ_N(X,y_i)/dy$ auf der Grundlage bereits optimierter y_j, $j = 1,..,i-1$, erfolgt.

-     Es muß in jedem Schritt die eindimensionale Minimierungsaufgabe $J_N(y-\alpha J_N'(y))$ gelöst werden, um den Relaxationsfaktor zu finden. α ist zwar eindimensional, dennoch sind alle Komponenten der Gütefunktion J_N berührt, so daß dies nicht auf die Optimierung bezüglich einer Variablen zurückgeführt werden kann. Die Bestimmung des α erfordert vielmehr in mehrfacher Iteration die Auswertung von J_N und des Testbarkeitsmaßes.

Die große Zahl der Eingangsvariablen unserer Gütefunktion ist die tiefere Ursache für diese beiden Nachteile. Auch andere Varianten des Gradientenverfahrens wie die Methode der konjugierten Richtungen u. a. m. werfen diese Probleme auf. Aber sie können durch das folgende, im Endeffekt sogar einfachere Verfahren gelöst werden:

4.6 Die Methode des zyklischen Abstiegs

Während bei der oben geschilderten Methode eine beliebige Richtung für den Abstieg konstruiert wurde, wird jetzt pro Iterationsschritt nur der Abstieg in Koordinatenrichtung zugelassen.

Für $i := 1,...,n$ sucht man das durch (4.13) eindeutig bestimmte Minimum von $J_N(X,y_i)$ und setzt sofort $x_i := y_i$.

Der Zyklus wird so lange wiederholt, bis $J_N'(X) \approx 0$ ist. Dieses Verfahren findet garantiert einen Punkt mit verschwindender Ableitung. Wegen der Multimodalität der Gütefunktion kann man jedoch daraus nicht schließen, daß tatsächlich ein lokales oder gar ein globales Minimum gefunden wurde. Dies muß mit dem Kriterium (4.11) oder mit dem Satz 4.1 überprüft werden.

Die Methode des zyklischen Abstiegs wurde in PROTEST implementiert, und der Benutzer hat die Möglichkeit, einen Startvektor für X vorzugeben, von dem aus das beschriebene Verfahren ein Optimum sucht. Falls die Optimierergebnisse unzureichend erscheinen, kann der Benutzer durch wiederholten Aufruf mit unterschiedlichen Startvektoren bessere Ergebnisse suchen.

Hier bieten sich weitergehende Untersuchungen an, wie diese Auswahl automatisiert werden kann. Das mathematisch ähnlich gelagerte Problem der optimalen Plazierung bei der automatischen Layouterzeugung kann wie unser Problem mit Minimierungsmethoden gelöst werden, die auf einem Newton-Verfahren beruhen [DuSh85]. Dieses Vorgehen kann allerdings auch durch Verfahren des sog. "statistischen Kühlens" (simulated annealing) ergänzt oder gar ersetzt werden (siehe z.B. [KiVe83]). Da jedoch noch keine eindeutigen Erfahrungen darüber vorliegen, ob und in welchem Umfang letztere Methode anderen diskreten Optimierungsverfahren überlegen ist (vgl. [NSS86]), wurde bislang auf eine solche automatische Suche nach geeigneten Startvektoren verzichtet.

Für den praktischen Einsatz optimierter Zufallsmuster ist ein stabiles Verhalten bezüglich geringer Abweichungen der tatsächlich realisierten Wahrscheinlichkeiten wichtig. Aus Formel (4.4) geht hervor, daß die Fehlerentdeckungswahrscheinlichkeiten linear von der Signalwahrscheinlichkeit an einem Eingang abhängen. In Abschnitt 3.5.2 wurde gezeigt, daß die notwendige Zahl von Zufallsmustern umgekehrt proportional mit der Erkennungswahrscheinlichkeit der am schwersten testbaren Fehlern wächst. Aus beiden Sachverhalten folgt, daß geringe Abweichungen von den als optimal erkannten Eingangswahrscheinlichkeiten auch nur geringe Vergrößerungen der Testlänge nach sich ziehen. Daher kann man sich bei einer Hardware-Implementierung eines Mustergenerators darauf beschränken, die Zufallsvariable nur in einem festen Raster zur Verfügung zu stellen (vgl. Kapitel 5).

4.7 Fehlersimulation mit optimierten Zufallsmustern

In Kapitel 6 werden Ergebnisse der Optimierung anhand einer größeren Zahl von Beispielschaltungen aus der Praxis vorgestellt. Es hat sich bislang gezeigt, daß in denjenigen Fällen, in denen ein konventioneller Zufallstest wegen zu großer Testlängen unmöglich ist, durch Optimierung ökonomische Testzeiten erreicht werden können.

In PROTEST ist ein Zufallsmustergenerator integriert, welcher die als besonders geeignet erkannten Signalwahrscheinlichkeiten berücksichtigt. Mit einer statischen Fehlersimulation (TESTDETECT, vgl. /Roth80/) können die Fehlererfassung dieser Testmenge festgestellt und die Schätzungen durch PROTEST validiert werden. Weiter können aus der Zufallsmustermenge diejenigen Testmuster ausgewählt werden, die einen bislang nicht entdeckten Fehler erkennen, und durch wiederholte Permutation dieser immer kleiner werdenden Teilmenge kann eine minimierte deterministische Testmenge gefunden werden.

Dieses Vorgehen wurde bereits für konventionell erzeugte Zufallstests vorgeschlagen /SCHU75/, scheitert jedoch häufig an der viel zu großen Mustermenge, die für eine ausreichende Fehlerüberdeckung nötig ist. Der Einsatz optimierter Zufallsmengen reduziert die Musterzahl nunmehr so weit, daß das Verfahren wirtschaftlich wird.

Bei den erwähnten Beispielen aus der Praxis konnten andere Autoren mit einer konventionellen Fehlersimulation keine ausreichende Fehlerüberdeckung erzielen /CART85/. Alle diese Beispiele führten bei Einsatz optimierter Mustermengen zu einer befriedigenden Fehlerüberdeckung.

Die Zufallsmuster erzeugt PROTEST, indem zuerst mit der additiven Kongruenzmethode (/Jöhn69/, /Knut69/) auf [0,1] gleichverteilte Zufallszahlen x erzeugt werden. Soll ein Eingang mit der Signalwahrscheinlichkeit p stimuliert werden, so wird für x < p eine "1" ausgegeben und für x ≥ p eine "0".

4.8 Bemerkungen zur Redundanz

Alle unsere Überlegungen zu Optimierverfahren gingen davon aus, daß wir genaue Kenntnis der Signal- und Fehlerentdeckungswahrscheinlichkeiten haben. Tatsächlich stehen uns jedoch nur Schätzwerte zur Verfügung, und die Optimierung resultiert darin, daß Eingangswahrscheinlichkeiten gesucht werden, für welche die Schätzung der Fehlerentdeckung besonders gute Resultate liefert. Hier trifft das in Abschnitt 3.7 Gesagte in entsprechender Weise zu.

Problematischer ist jedoch das Vorkommen von Redundanz. PROTEST eliminiert zwar diejenigen Fehler aus der Fehlerliste, für die es lokale Redundanz feststellt, dennoch kann globale Redundanz vorhanden sein, so daß für nicht entdeckbare Fehler eine minimale Entdeckungswahrscheinlichkeit geschätzt wird. In diesen Fällen kann das beschriebene Optimierverfahren in die Irre gehen.

Dieses Problem kann in synthetisierten und minimierten Schaltnetzen nicht auftreten, die Redundanz vermeiden. Bei einem manuellen Entwurf kann in diesem Fall nur eine Fehlersimulation mit Testmengen helfen, die den optimierten Eingangswahrscheinlichkeiten genügen. Falls dabei Fehler nicht entdeckt werden, müssen sie auf Redundanz geprüft und bei positivem Ergebnis vor einem erneuten Durchlauf des Optimierverfahrens aus der Fehlerliste entfernt werden. Wie solche optimierten Testmengen erstellt werden, untersuchen wir im folgenden Kapitel.

5. Anwendungen bei Test- und Synthese-Algorithmen

In diesem Kapitel befassen wir uns damit, wie Zufallsmustermengen gemäß den optimierten Verteilungen erzeugt und bei Test und Synthese eingesetzt werden können. Zuerst diskutieren wir Anforderungen an Mustermengen, die erfüllt sein müssen, damit man sie tatsächlich als *zufällig* anerkennen kann.

Die Einsatzmöglichkeiten von per Software erzeugten Mustern sind Fehlersimulation, Validierung des Zufallstests und deterministische Testmustererzeugung. In diesem Kapitel werden auch Schaltungen vorgestellt, die entweder auf dem Chip integriert werden können oder extern den Chip mit solchen Zufallsmustern versorgen. Es wird untersucht, inwieweit derart erzeugte Muster den Anforderungen genügen und welche Einflüsse die Integration dieser Zusatzausstattung auf das Schaltungsverhalten hat.

5.1 Anforderungen an Pseudozufallsfolgen

Es wurde bereits erwähnt, daß sich die Optimierung relativ stabil verhält und es daher genügt, Zufallsfolgen mit Wahrscheinlichkeiten in einem Raster etwa der Schrittweite 1/8 zu erzeugen. Damit die Ergebnisse des Schätzverfahrens aus Kapitel 3 und des Optimierverfahrens anwendbar sind, müssen die zugeführten Muster das Kriterium aus Kapitel 3 erfüllen: Die Menge der Variablen, die den primären Eingängen zugeordnet ist, soll insgesamt unabhängig sein.

Sie ist dies, wenn für eine beliebige Teilmenge dieser Variablen das Produkt der Erwartungswerte stets gleich dem Erwartungswert des Produkts ist. Dies ist eine Forderung darüber, wie sich die verschiedenen Bitstellen der Muster zu verhalten haben. Ihre Einhaltung garantiert aber noch nicht, daß die Muster tatsächlich zufällig sind. Denn auch die Musterfolge an einem einzigen Eingang muß bestimmten Restriktionen genügen, um als zufällig anerkannt zu werden. So ist es z. B. nicht gestattet, einen Eingang immer abwechselnd auf 1 und auf 0 zu setzen, obwohl dabei die Unabhängigkeit erfüllt ist und auch die Eingangswahrscheinlichkeit 0.5 beträgt.

Die Restriktionen, die eine Bitfolge an einem Eingang erfüllen muß, übernehmen wir von Golomb /Golo67/.

R1   Die Anzahl der auftretenden Einsen, dividiert durch die Länge der Musterfolge, ist annähernd gleich der geforderten Wahrscheinlichkeit.

R2   Ein "Lauf" sei ein mehrmaliges, unmittelbar aufeinander folgendes Vorkommen der "1". Z. B. ist ein Lauf der Länge 3 das dreimalige Aufeinanderfolgen der "1", und dieser Lauf enthält *zwei* Läufe der Länge 2. Sei p die geforderte Wahrscheinlichkeit. Dann haben 100p % aller Läufe die Länge 1, $100p^2$ % die Länge 2, $100p^3$ % die Länge 3 usw.

R3   Es sei n die Gesamtlänge der Bitfolge. Es wird gefordert, daß die *Autokorrelationsfunktion* C(t) eine zweiwertige Funktion ist, mit unterschiedlichem Wert für t = 0 und für 0 <t< n. Es sei a_i der Binärwert der Zufallsfolge zum Zeitpunkt i, dann ist die Autokorrelationsfunktion definiert durch:

$$C(t) := \frac{\frac{1}{n}(\sum_{i \le n} a_i a_{i+t}) - p^2}{p(1-p)}$$

Diese drei Forderungen sind eine Spezialisierung von allgemeinen Anforderungen an die Zufälligkeit von Zahlenfolgen (siehe z.B. /Jöhn69/). Die Tatsache, daß es sich um zweiwertige Zufallsvariablen handelt, vereinfacht auch den Test auf die Zufälligkeit.

In PROTEST sind für die Validierung von Zufallsgeneratoren drei einfache Prozeduren implementiert, die die Abweichungen von den oben genannten drei Forderungen messen.

5.2 Der externe Test mit optimierten Zufallsmustern

Die wesentlichen Vorteile des Tests mit Zufallsmustern können nur genutzt werden, wenn er im Selbsttest oder zumindest "off-line" durchgeführt wird. In diesem Abschnitt stellen wir ein Verfahren vor, die Schaltung durch einen zusätzlichen Chip mit optimierten Zufallsmustern zu versorgen und ihre Antworten auszuwerten. Abschnitt 5.3 behandelt dann den tatsächlichen Selbsttest, bei dem alle notwendigen Zusatzschaltungen auf dem Chip integriert sind.

5.2.1 Testkonfiguration für den externen Test mit Zufallsmustern

Der Zufallstest mit extern erzeugten Mustern beschränkt sich im allgemeinen auf Schaltungen im Scan Design, um die schwerwiegenden zusätzlichen Probleme zu umgehen, die durch sequentielle Schaltungen hervorgerufen werden. Bild 5.1 zeigt die Testkonfiguration für eine solche Teststrategie.

Im Prinzip kann man natürlich auch diese gesamte Konfiguration auf ein Chip integrieren, wodurch eine gewisse Anzahl von BILBOs zur Mustererzeugung eingespart wird, indem sie durch einen normalen Scan Path ersetzt werden (/BuEl83/, /EiLi83a/).

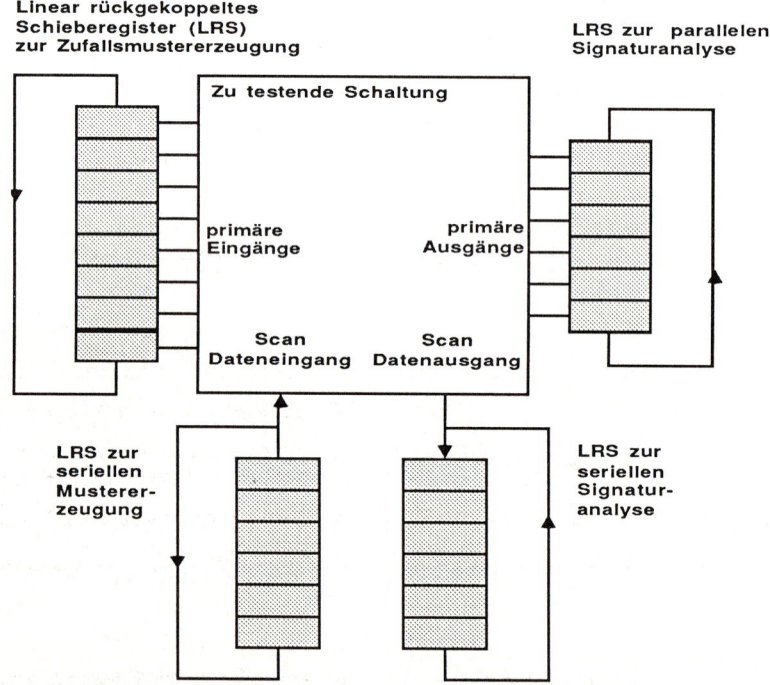

Bild 5.1:   Zufallstest für Schaltungen im Scan Design nach /BaMc82/

Es ist jedoch zumeist nicht möglich, durch ein LRS parallel Muster zu erzeugen und damit mehrere Prüfpfade zu versorgen (Bild 5.2).

Hier führt das Abgreifen der Muster an verschiedenen Stellen des LRS zu Korrelationen der Variablen untereinander. Diesen Sachverhalt nannten Bardell et al. "strukturelle Abhängigkeiten", und sie haben zur Abhilfe eine besondere Architektur von Schieberegistern vorgeschlagen /BaMc84/.

Falls die Muster jedoch außerhalb des Chips erzeugt werden, ist diese Architektur nicht notwendig. Denn selbst wenn innerhalb der zu testenden Einheit mehrere Prüfpfade vorhanden sind, bemüht man sich, die zusätzlichen Anschlüsse des Chips zu Testzwecken möglichst gering zuhalten. Daher werden diese Prüfpfade sequentiell versorgt, und die Zufallsmuster müssen nicht parallel erzeugt werden.

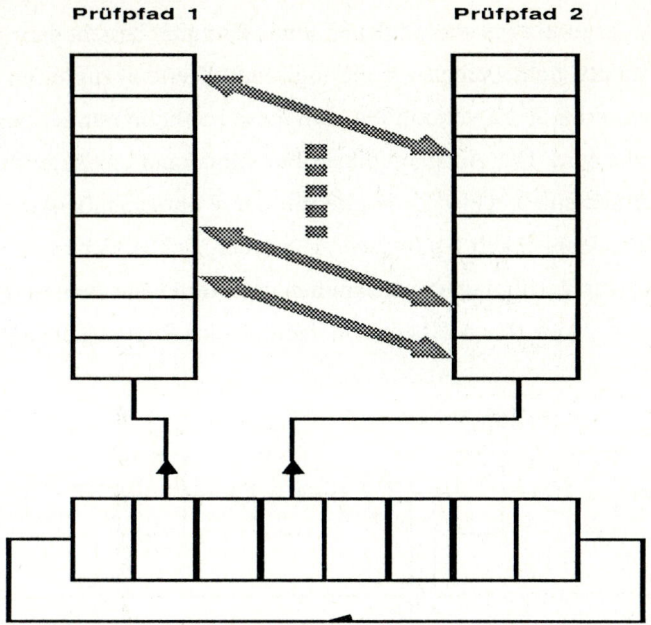

Bild 5.2:   Parallele Mustererzeugung kann Korrelationen verursachen

Es unterscheidet sich somit ein für den externen Zufallstest entworfenes Chip in keiner Weise von einer Schaltung im üblichen Scan Design. Für den optimierten Test müssen jedoch die externen LRS aus Bild 5.1 durch einen Modul ersetzt werden, der tatsächlich ungleichverteilte Zufallsmuster erzeugen kann.

5.2.2 Ein Chip zur externen Erzeugung optimierter Zufallsmuster

Im folgenden diskutieren wir das Prinzip einer Schaltung zur Erzeugung optimierter Muster, wie es unter Mitwirkung des Autors in /WuKu85a/ vorgestellt wurde. Diese Schaltung wurde für die Unterstützung des externen Tests im Rahmen einer Studienarbeit auch als Chip gefertigt /Berg85/.

Ausgangspunkt sind die in Kapitel 2.1.3 eingeführten maximalen linear rückgekoppelten Schieberegister (LRS). Ihre Ausgangsfolge A erfüllt die Forderungen R1-R3 mit p = 0.5 /Golo67/.

Das Prinzip des Mustergenerators aus /WuKu85b/ und /Berg85/ besteht darin, von Speicherelementen eines maximalen Schieberegisters die logischen Werte abzugreifen und sie mit Hilfe einer Booleschen Funktion so zu verknüpfen, daß diese Funktion mit der gewünschten Wahrscheinlichkeit p wahr wird. Der Ausgang dieser Funktion kann ein Register bzw. eine ganze Folge von Speicherelementen speisen, die alle mit der Wahrscheinlichkeit p oder bei Invertierung mit der Wahrscheinlichkeit 1-p logisch "1" werden. Schließlich stehen die Werte in diesem Register wieder zur Verfügung, um zusammen mit Werten aus dem maximalen LSR neue Wahrscheinlichkeiten zu generieren. Es entsteht dadurch eine Registerkette (Bild 5.3).

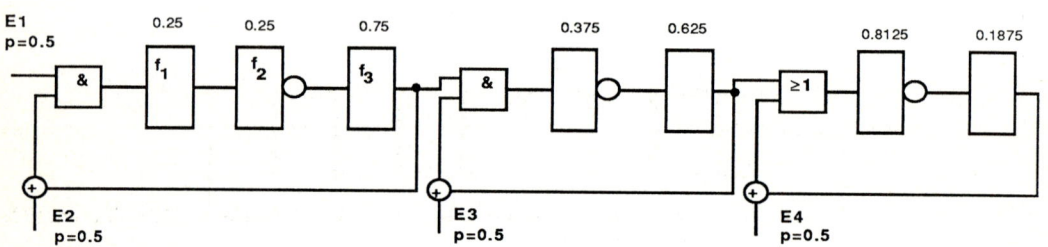

Bild 5.3: Registerkette nach /WuKu85b/

Die Eingänge E1, E2, E3 und E4 beziehen ihre Werte aus dem maximalen LRS. Es fällt auf, daß jedes einzelne Register nochmals rückgekoppelt und mit den E_i antivalent verknüpft wurde. Dies geschieht, um die Korrelation der Werte in den einzelnen Speicherelementen zueinander zu minimieren.

Die Korrelation wird durch eine ähnliche strukturelle Abhängigkeit wie in Bild 5.2 verursacht: Wir nehmen an, E1 beziehe seinen Wert vom Speicherelement s_k des maximalen LRS. Dann werden sowohl die Werte von s_{k+1} als auch von f_1 zum Zeitpunkt t+1 auf Grundlage des Werts von s_k zum Zeitpunkt t berechnet und können daher korreliert sein. Wenn sowohl f_1 als auch s_{k+1} Eingänge eines Schaltnetzes sind, dann ist die wesentliche Forderung, daß die Zufallsvariablen an den primären Eingängen des Schaltnetzes unabhängig sein müssen, nicht mehr erfüllt.

Die zusätzlichen Rückkopplungen sollen dies verhindern, was jedoch nur annähernd gelingt, zumal zur Einstellung verschiedener Wahrscheinlichkeiten im allgemeinen mehrere Register-

ketten nach Bild 5.3 abgegriffen werden müssen. Bild 5.4 zeigt das Beispiel einer solchen Gesamtschaltung:

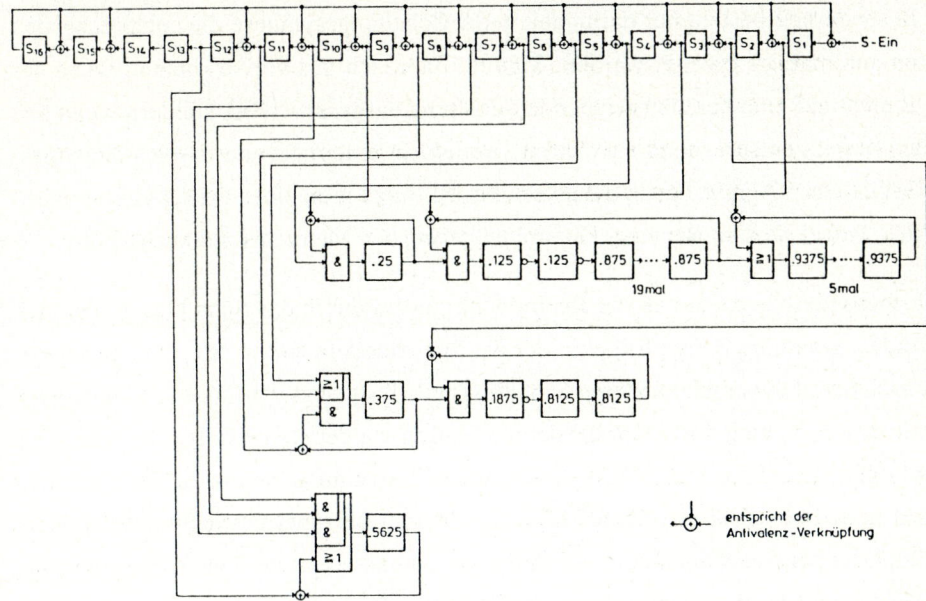

Bild 5.4: Generation von Zufallsmustern unterschiedlicher Wahrscheinlichkeit nach
/WuKu85b/

Diese Schaltung ist jedoch zur Verwendung für den reinen Selbsttest schlecht geeignet, da bei
einer Unterbringung auf dem zu testenden Chip folgende Nachteile besonders ins Gewicht
fallen:

- sehr großer zusätzlicher Verdrahtungsaufwand;

- großer Aufwand an Zusatzlogik.

- Es kann keine ausreichende Unabhängigkeit der einzelnen Variablen garantiert werden.

5.2.3 Schaltungscharakteristika beim externen Zufallstest

Wie bereits erwähnt, unterscheidet sich ein für den externen Zufallstest entworfenes Chip nicht
von einer Schaltung im üblichen Scan Design. Man kann deshalb zur Abschätzung des zusätzlichen Flächenaufwands und des Leistungsverlustes auf die Studien zurückgreifen, die für die

jeweilige Technik durchgeführt wurden. Beide Parameter hängen von der Art des Scan Designs und von der gewählten Technologie ab.

Die einzige Besonderheit besteht nur darin, daß in der Schaltungssynthese die entsprechenden Teststrukturen automatisch erzeugt werden. Sinnvoll läßt sich das verwirklichen, wenn der Prüfpfad o. ä. nicht auf eine bereits bestehende Schaltung aufgesetzt wird, sondern wenn alle Speicherzellen bereits entsprechend entworfen wurden. In einem Standardzellen-Entwurfssystem für CMOS haben Agrawal et al. die automatische Integration eines Prüfpfades verwirklicht /AGRA85/, wobei sie dem Benutzer Hilfsmittel geben, den Mehraufwand abzuschätzen.

Es hat sich insbesondere gezeigt, daß die Beeinträchtigungen durch das Scan Design deutlich verringert werden, wenn die Reihenfolge, in der die Speicherelemente in den Pfad geschaltet werden, erst nach dem Layout aller anderen Schaltungsteile festgelegt wird. Als repräsentatives Beispiel wurde eine Schaltung diskutiert, bei der die Festlegung der Reihenfolge des Prüfpfads während des Logikentwurfs zu 16,93 % Mehraufwand an Siliziumfläche und zur Verringerung der maximalen Betriebsgeschwindigkeit auf 87 % geführt hat. Bei einer Festlegung der Reihenfolge des Prüfpfades bei dieser Schaltung erst in der Layoutphase kostete seine Verwirklichung nur 11,9 % Fläche, und die Betriebsfrequenz verminderte sich nur auf 91 %.

Diese Zahlen wurden für einen manuellen Entwurf ermittelt. Da sie im Prinzip auch für die automatische Logiksynthese gelten, haben sie zur Konsequenz, daß die Implementierung der Zusatzausstattungen zu Testzwecken aus der Synthesephase herausgenommen und in die Layoutphase verlagert werden muß.

5.3 Der Selbsttest mit optimierten Zufallsmustern

Im folgenden wird eine neue Schaltung vorgestellt,

-   welche optimierte Zufallsmuster erzeugt und dabei die Anforderungen R1 bis R3 in ausreichendem Maße erfüllt,

-   deren zusätzlicher Verdrahtungs- und Schaltungsaufwand in der Regel nicht größer als bei einem konventionellen BILBO ist,

-   die zur vollständigen Durchführung des Selbsttests geeignet ist, indem sie die folgenden vier Betriebsweisen zuläßt:

    *   Erzeugung optimierter Zufallsmuster..

* Normales Schieberegister zur Initialisierung und zum Auslesen der Test-antworten.

* Linear rückgekoppeltes Schieberegister zur Signaturanalyse.

* Betrieb als normales Register innerhalb der Schaltung.

Zunächst wird das Prinzip der Mustererzeugung und danach die Gesamtschaltung im Detail vor-gestellt.

5.3.1 Verfahren zur Erzeugung optimierter Zufallsmuster

Ausgangspunkt sind maximale, linear rückgekoppelte Schieberegister (LRS), welche Muster-folgen der Wahrscheinlichkeit 0.5 erzeugen /HeLe83/. Für jede Wahrscheinlichkeit $p := 1/8$, 2/8, 3/8 konstruieren wir ein Modul M_p, das als Eingabe eine Pseudozufallsmusterfolge mit ei-ner beliebigen Wahrscheinlichkeit zwischen 1/8 und 7/8 erhält. Die Periode dieser eingehenden Folge bestimmt auch die Periode der vom Modul M_p erzeugten Muster. In M_p sind ebenfalls Schieberegister enthalten, deren Speicherelemente mit Wahrscheinlichkeit p oder $1-p$ logisch "1" werden. Die resultierenden Variablen sind annähernd unabhängig.

Der Gesamtaufbau der Testhardware besteht aus einem maximalen LRS und einer Kette solcher Moduln M_p (Bild 5.5).

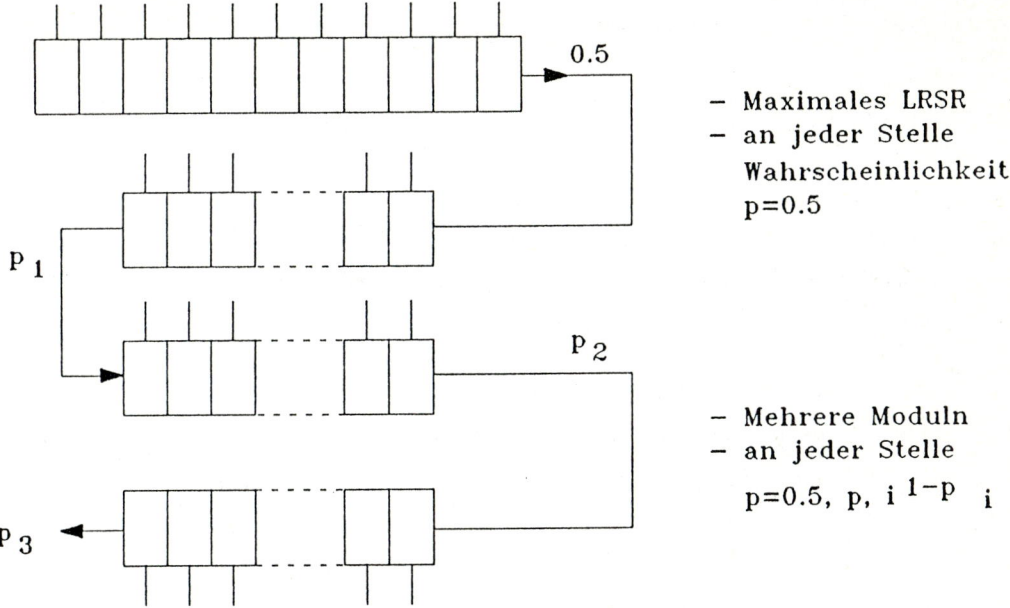

0.5

– Maximales LRSR
– an jeder Stelle
  Wahrscheinlichkeit
  $p=0.5$

P_1

P_2

– Mehrere Moduln
– an jeder Stelle
  $p=0.5$, p_i, $1-p_i$

P_3

Bild 5.5:   Selbsttestkonfiguration für optimierte Zufallsmuster

Wir untersuchen M_p im einzelnen: Es besteht wiederum aus einem maximalen LRS etwa der Länge 6, welches z.B. das Divisorpolynom $P(X):=x^6+x^5+x^3+x^2+1$ repräsentiert, einer Booleschen Funktion dreier Variablen, deren arithmetische Einbettung $f(0.5,0.5,0.5) = p$ erfüllt, und einem von f gespeisten Schieberegister, worin ein Speicherelement den Wert des vorhergehenden direkt oder negiert übernimmt, je nach dem, ob p oder 1-p realisiert werden soll (Bild 5.6).

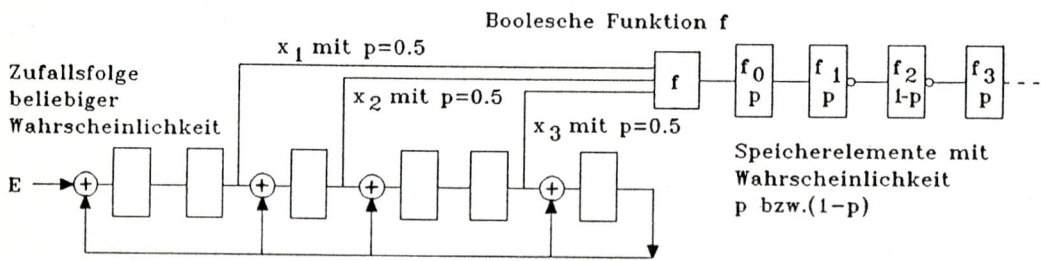

Bild 5.6:   Modul M_p zur Erzeugung von Mustern der Wahrscheinlichkeiten p und 1-p

Die Funktion $f(x_1,x_2,x_4)$ erzeugt eine zufällige Bitfolge mit einer von f abhängigen Wahrscheinlichkeit. Falls das verwendete LRS von der Normalform I wäre, so würde zu jedem Zeitpunkt t gelten: $x_1(t) = x_2(t+1) = x_4(t+3)$. Offensichtlich kann dann die von f erzeugte Zufallsfolge stark autokorreliert sein und somit *R2* verletzen. Wir zeigen im folgenden, daß das verwendete LRS in der Normalform II bei geeigneter Wahl der Funktion f und der Abgriffspunkte diesen Nachteil nicht aufweist und den Anforderungen genügt.

R1:

Wenn jeder der 2^6 möglichen Zustände des LRS mit gleicher Wahrscheinlichkeit angenommen werden kann, dann sind alle sechs Zufallsvariablen $x_0,...,x_5$ insgesamt unabhängig und in jedem Speicherelement tritt die "1" mit Wahrscheinlichkeit 0.5 auf. Genau dies ist die Voraussetzung, damit f die geforderte Wahrscheinlichkeit realisiert.

Es genügt also zu zeigen, daß jeder Zustand mit gleicher Wahrscheinlichkeit erreicht wird, wenn in das LRS eine Zufallsfolge eingespeist wird. Hierzu betrachten wir die Folge der Zustände des LRS als Markov-Kette. Der Zustandsraum S besteht aus den sechsstelligen Dualzahlen und hat somit 64 Elemente. Von jedem Zustand sind genau zwei weitere Zustände direkt erreichbar, abhängig davon, ob in der Eingangsfolge E gerade eine "1" oder eine "0" anliegt. Die Wahrscheinlichkeit w, die von der Eingangsfolge E realisiert wird, bestimmt die Übergangsmatrix P. P enthält für jeden Zustand eine Zeile und eine Spalte, in der genau einmal w, einmal 1-w und sonst 0 stehen.

Weiter ist von einem gegebenen Zustand jeder andere mit einer positiven Wahrscheinlichkeit erreichbar. Diese Wahrscheinlichkeit hängt von der Verteilung der eingehenden Folge E ab, sie ist aber positiv, da bei der Polynomdivision jeder Zustand ein Restpolynom repräsentiert und auch vorkommen kann. Wir haben also den Fall einer aperiodischen, endlichen Markov-Kette. In der Stochastik zeigt man, daß in diesem Fall die Folge der Matrizen P^n komponentenweise gegen eine Grenzmatrix Q konvergiert, alle Zeilen von Q identisch sind (d. h. $q_{ij} = q_j$ für alle i) und alle Elemente von Q positiv sind ($q_j > 0$ für alle j). Es gilt für den Zeilenvektor $q = qP$ und außerdem ist Q eindeutig (Vgl.[Ross83], Theorem 4.3.3). Offensichtlich entspricht eine Matrix, deren Elemente alle den Wert 1/64 haben, den Anforderungen der Grenzmatrix Q. Aus deren Eindeutigkeit folgt somit, daß jeder Zustand des LRS mit derselben Wahrscheinlichkeit 1/64 angenommen wird.

R2:

Die Forderung, daß ein Lauf der Länge n mit der Wahrscheinlichkeit p^n auftaucht, läßt sich nicht in derselben Allgemeinheit wie die Forderung *R1* zeigen. Denn dies hängt davon ab, welche Variablen des LRS von der Funktion f verknüpft werden. Für das gewählte LRS sind die Abgriffspunkte für f so geschickt gewählt, daß Testläufe nur unwesentliche Abweichungen von den erwarteten Lauflängen zeigten.

R3:

Zur Validierung von *R3* untersuchen wir, wie sich die Argumente der Funktion f zu den verschiedenen Zeitpunkten bestimmen. Die folgende Tabelle drückt den Speicherinhalt von x_0 bis x_5 zum Zeitpunkt t in den Werten dieser Speicher zum Zeitpunkt t = 0 aus, wobei $\oplus$ die Addition mod 2 bedeutet:

Zeitpunkt	Speicher x					
	0	1	2	3	4	5
0	0	1	2	3	4	5
1	$5 \oplus e_0$	0	$1 \oplus 5$	$2 \oplus 5$	3	$4 \oplus 5$
2	$e_1 \oplus 4 \oplus 5$	$5 \oplus e_0$	$0 \oplus 4 \oplus 5$	$1 \oplus 4 \oplus \underline{0}$	$2 \oplus 5$	$3 \oplus 4 \oplus 5$
3	$e_2 \oplus 3 \oplus 4 \oplus 5$	$e_1 \oplus 4 \oplus 5$	$e_0 \oplus 3 \oplus 4 \oplus \underline{0}$	$0 \oplus 3 \oplus \underline{1}$	$1 \oplus 4 \oplus \underline{0}$	$2 \oplus 4 \oplus 0$
4	$e_3 \oplus 2 \oplus 4 \oplus \underline{0}$	$e_2 \oplus 3 \oplus 4 \oplus 5$	$e1 \oplus 2 \oplus 5 \oplus \underline{1}$	$e_0 \oplus 2 \oplus 3 \oplus \underline{1}$	$0 \oplus 3 \oplus \underline{1}$	$1 \oplus 2 \oplus 1$
5	$e_4 \oplus 1 \oplus 2 \oplus \underline{1}$	$e_3 \oplus 2 \oplus 4 \oplus \underline{0}$	$e_2 \oplus 3 \oplus 4 \oplus$ $5 \oplus 1 \oplus 2 \oplus \underline{1}$	$e_1 \oplus 1 \oplus 5 \oplus \underline{1}$	$e_0 \oplus 2 \oplus$ $3 \oplus \underline{1}$	$0 \oplus 1 \oplus$ $2 \oplus 3$

Tabelle 2:   Speicherinhalt des maximalen LRS von M_p zu verschiedenen Zeitpunkten

Bevor wir diese Tabelle interpretieren, halten wir noch folgende Beobachtung fest: x und y seien beliebige Zufallsvariablen. v sei eine unabhängige Variable mit Erwartungswert 0.5. Dann hat $x \oplus v$ den Erwartungswert 0.5 und $x \oplus v$ und y sind zwei unabhängige Variablen.

In Tabelle 2 sind die Spalten 1, 2 und 4 von besonderem Interesse. Mit genannter Beobachtung sieht man sofort, daß zu verschiedenen Zeitpunkten alle Variablen aus den drei Spalten paarweise unabhängig sind. Hinzu kommt, daß an zwei unmittelbar aufeinanderfolgenden Zeitpunkten $f_0 := f(x_1, x_2, x_4)$ und $f_1 := (x_0, x_1 \oplus x_5, x_3)$ insgesamt unabhängige Variablen als Argumente haben und daher in dem auf f folgenden Schieberegister zwei aufeinanderfolgende Speicherelemente stets unabhängig sind. Die von f ausgegebene Musterfolge erfüllt somit $C(t) = 0$ für $t = 1$. Mit der oben gemachten Beobachtung läßt sich auch für größere t die Unabhängigkeit aus der Tabelle ablesen. Jedoch ist auch hier kein allgemeiner Ansatz möglich, sondern die Tatsache, ob und wie gut Unabhängigkeit erfüllt wird, hängt ebenfalls von der geschickten Wahl der zu verknüpfenden Variablen ab. Für die Schaltung in Bild 5.6 wurde für die notwendigen dreistelligen Funktionen f und für alle zulässigen Wahrscheinlichkeiten der Eingangsfolge empirisch die Autokorrelationsfunktion ausgewertet. Die Ergebnisse finden sich im Anhang, es ergaben sich keine auffälligen Abweichungen von der Forderung *R3*.

5.3.2 Zusatzbeschaltung für den Selbsttest mit optimierten Zufallsmustern

In diesem Abschnitt stellen wir eine Schaltung GR vor, die zur Mustererzeugung sich wie ein Modul M_p konfiguriert, aber zusätzlich als normales Register, als Schieberegister und unter

Ausnutzung aller Speicherelemente als großes LRS zur Signaturanalyse arbeiten kann. Ähnliches leistet für konventionelle Zufallsmuster das BILBO, welches auf einem LRS der Normalform I beruht. Jedoch wurde im vorhergehenden Abschnitt deutlich, daß unser Vorgehen zur Erzeugung optimierter Zufallsmuster nur mit einem LRS der Normalform II möglich ist. Elementare Grundfunktionen der Schaltung GR werden durch die Teilschaltungen T1 und T2 ausgeführt:

Grundfunktion der Teilschaltung T1						Grundfunktion der Teilschaltung T2				
A	B	C	B_1	B_0	D	A	B	B_1	B_0	D
X	X	X	0	0	$B{\neq}C$	X	X	0	0	B
X	X	X	0	1	B	X	X	0	1	B
X	X	X	1	0	$A{\neq}B{\neq}C$	X	X	1	0	$A{\neq}B$
X	X	X	1	1	A	X	X	1	1	A

Tabelle 3:   Funktionen von Basiselementen

Mögliche Realisierungen der Grundfunktionen zeigen Bild 5.7a und Bild 5.7b.

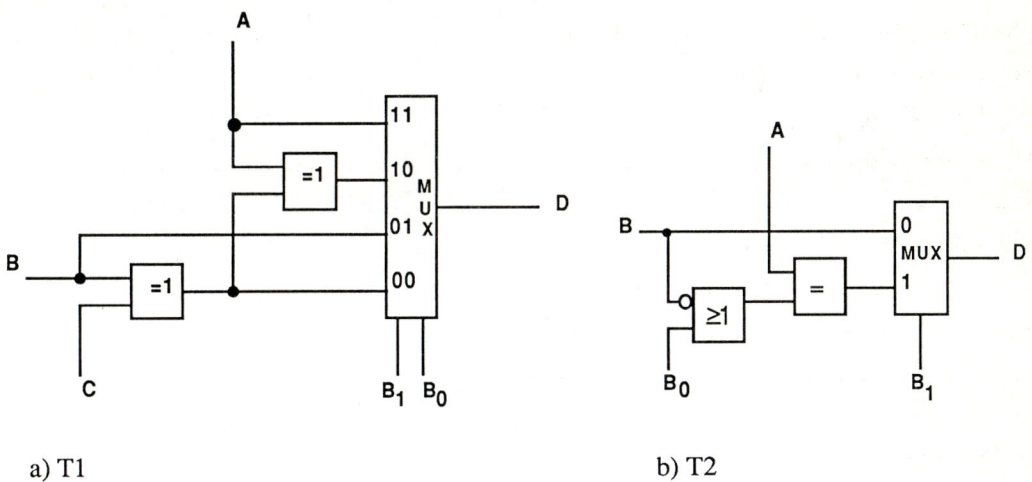

a) T1   b) T2

Bild 5.7:   Basiselemente T1 und T2

Hieraus bauen sich die Grundzellen G1 und G2 der Schaltung auf, indem der Ausgang D von T1 oder T2 an den Dateneingang eines als Schieberegisterzelle verwendbaren Flip-Flops FF, z. B. eines Master-Slave-Flip-Flops angeschlossen wird (Bild 5.8a und Bild 5.8b). Diese Grund-zellen lassen sich zum Aufbau von Schieberegistern kaskadieren.

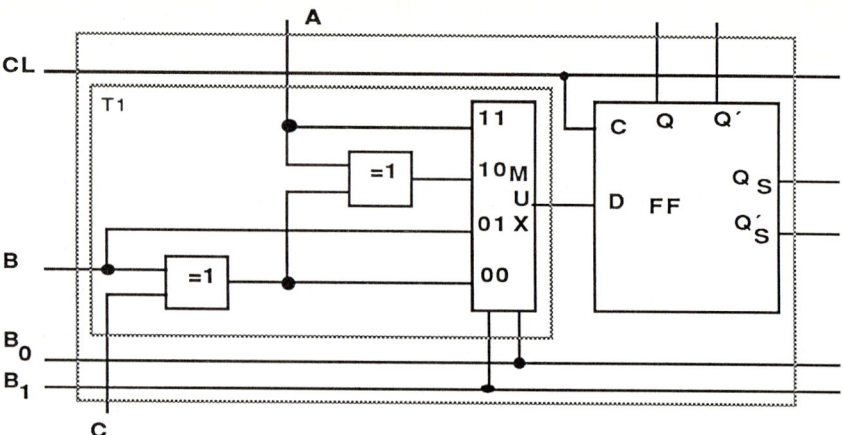

a) Grundzelle G1

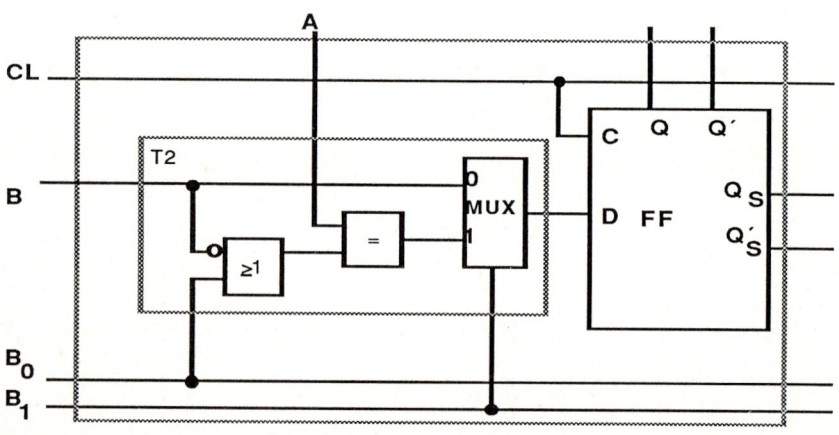

b) Grundzelle G2

Bild 5.8: Kaskadierbare Grundzellen

Die Gesamtschaltung besteht aus den beiden Moduln LR und SR. LR (Bild 5.9) ist eine Anein-anderreihung der Grundzellen G1 und G2, beginnend mit G1 und ansonsten in einer Reihen-folge, welche die Rückkopplungsfunktion des LRS aus M_p festlegt. Dabei ist stets der Daten-ausgang Q_S einer Zelle mit dem Eingang B der nachfolgenden Zelle zu verbinden. Der Daten-ausgang der letzten Grundzelle kann unmittelbar als Schieberegisterausgang LR_{out} verwendet werden. Er wird zusätzlich über einen Multiplexer M1, der ihn für $B_1 = 0$ durchschaltet, an die Eingänge C aller Grundzellen G1 zurückgeführt. Der Registereingang LR_{in} ist der Eingang B der ersten Grundzelle, und die Funktion F verknüpft die Datenausgänge dreier Grundzellen.

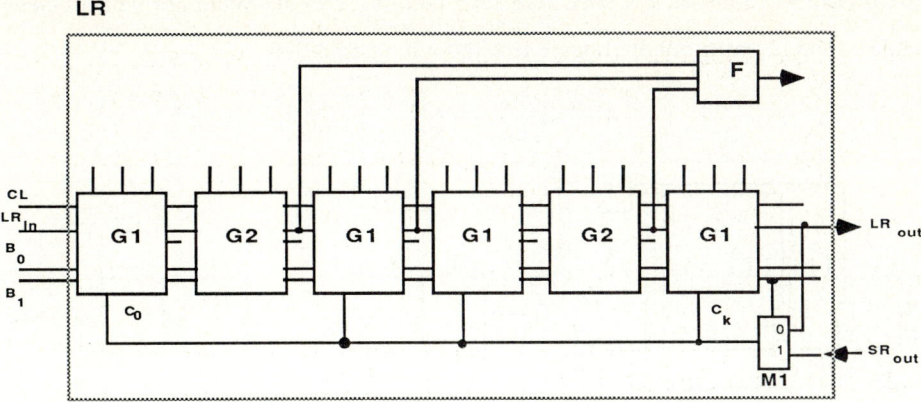

Bild 5.9: Teilschaltung LR

Der Modul SR (Bild 5.10) ist eine Reihung von Grundzellen G2, wobei jedoch der Datenausgang Q_S einer Grundzelle oder sein Inverses Q'_S an den B-Eingang der nachfolgenden Zelle angeschlossen wird, abhängig davon, ob an der entsprechenden Bitstelle des Musters die Wahrscheinlichkeit p oder (1-p) zu realisieren ist.

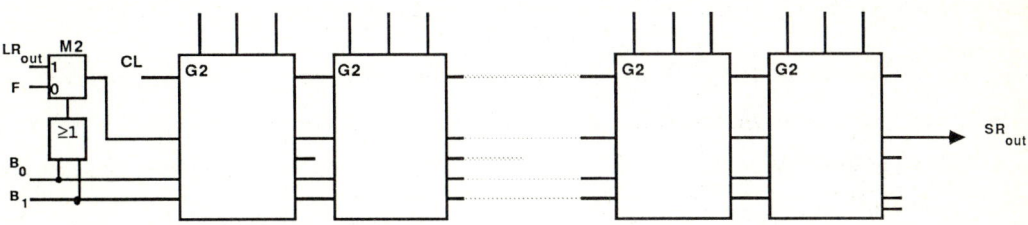

Bild 5.10: Die Teilschaltung SR

Die erste Grundzelle wird von einem Multiplexer M2 gespeist, der für $B_0 = B_1 = 0$ die Funktion F von LR und sonst LR_{out} durchschaltet. Der Datenausgang der letzten Grundzelle von SR wird an den 1-Eingang des Multiplexers M1 von LR geführt.

Bild 5.11 zeigt die Gesamtschaltung GR. Die Eingänge B_0 und B_1 sind die Steuereingänge dieser Schaltung, mit denen die vier verschiedenen Betriebsweisen festgelegt werden.

Mit der Steuerbelegung $\mathbf{B_0 = B_1 = 0}$ arbeitet GR als *Zufallsmustergenerator,* da sich der Modul LR zu einem rückgekoppelten Schieberegister des Typs II konfiguriert. Es werden durch diese Steuerbelegung nur solche Teile der Schaltung aktiviert, daß sie exakt wie der beschriebene Modul M_p arbeitet. LR wird zum LRS von M_p, und die Wahl der verschiedenen Grundzellen G1 und G2 bestimmt die lineare Rückkopplungsfunktion.

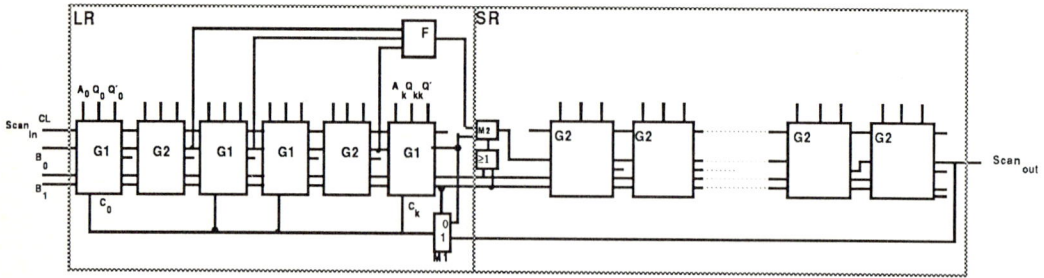

Bild 5.11: Die Gesamtschaltung GR

Mit der Steuerbelegung $B_0 = B_1 = 0$ arbeitet GR als *Zufallsmustergenerator,* da sich der Modul LR zu einem rückgekoppelten Schieberegister des Typs II konfiguriert. Es werden durch diese Steuerbelegung nur solche Teile der Schaltung aktiviert, daß sie exakt wie der beschriebene Modul M_p arbeitet. LR wird zum LRS von M_p, und die Wahl der verschiedenen Grundzellen G1 und G2 bestimmt die lineare Rückkopplungsfunktion.

Mit der Steuerbelegung $B_0 = 1$, $B_1 = 0$ wird die Gesamtschaltung zu einem *normalen Schieberegister,* das an manchen Stellen die vorhergehenden Werte invertiert übernimmt. In dieser Betriebsart läßt sich der Baustein laden, und es kann nach einer Testphase die Signatur ausgelesen werden.

Für $B_0 = 0$, $B_1 = 1$ bilden SR und LR gemeinsam ein großes, linear rückgekoppeltes Schieberegister, das zur *Signaturanalyse* von Testdaten dienen kann. Zur Durchführung der Signaturanalyse ist die rückkoppelnde Funktion eines Signaturregisters von geringerer Bedeutung. Unter der Güte eines Signaturregisters versteht man den Quotienten aus der Zahl der erkannten fehlerhaften Bitfolgen dividiert durch die Zahl aller möglichen fehlerhaften Bitfolgen. Sie ist wesentlich von der Länge des Signaturregisters und nicht von der Art seines die Rückkopplung bestimmenden Polynoms abhängig (/SMIT80/, /HeLe83/). P. David hat gezeigt, daß bereits ein einfach rückgekoppeltes Schieberegister mit hoher Auflösung Testdaten auswerten kann /Davi80/. Wenn wir aus LR und SR gemeinsam ein Signaturregister bilden, ist es daher nicht notwendig, in das normale Schieberegister zusätzliche Antivalenzgatter einzubauen, um ein bestimmtes Polynom zu realisieren. Stattdessen werden zur Erzeugung eines möglichst langen Registers alle Speicherelemente einbezogen.

Mit der Steuerbelegung $B_0 = B_1 = 1$ können die Flip-Flops der Grundzellen direkt ange-
sprochen werden, und der gesamte Baustein verhält sich wie ein *normales Register,* das ein
an den Eingängen A anliegendes Muster übernimmt.

Durch Hintereinanderschalten mehrere solcher Moduln GR mit unterschiedlichen Booleschen
Funktionen F läßt sich ein beliebig breites Register mit allen gewünschen Wahrscheinlichkeits-
werten erstellen. Dabei wird der Ausgang SR eines Moduls GR_i in den Eingang LR_{in} des folgenden Moduls GR_{i+1} gespeist, so daß auf diese Weise Modul GR_{i+1} mit der für seinen Betrieb notwendigen zufälligen Bitfolge beliebiger Wahrscheinlichkeit versorgt wird. Die Ver-
sorgung des ersten Moduls GR_0 kann entweder durch einen externen Zufallsmustergenerator
oder bei einem vollständigen Selbsttest durch einen geeignet konstruierten internen Modul LR
geschehen.

5.3.3 Mehrkosten für den Selbsttest mit optimierten Zufallsmustern

Die Kosten an Fläche und Leistung sind auch beim Selbsttest mit optimierten Zufallsmustern
technologieabhängig. Er ist nur dann wirtschaftlich durchführbar, wenn bereits die elementaren
Speicherzellen für diese Teststrategie ausgerüstet sind. Es soll im folgenden gezeigt werden,
daß der Modul GR annährend dieselbe Zusatzbeschaltung benötigt wie das konventionelle
BILBO. Daher können bei Entscheidungen über seinen Einsatz die Untersuchungen über die
Mehrkosten eines Entwurfs mit BILBOs zugrundegelegt werden, die für verschiedene
Technologien durchgeführt wurden.

Der Aufwand für GR unterscheidet sich allerdings von einem normalen BILBO in fünf
Punkten:

1.   GR enthält *zusätzlich* die Boolesche Funktion F, die durch ein Gatter mit drei
        Eingängen realisiert werden kann.

2.   GR enthält *zusätzlich* einen Multiplexer M1 zur Auswahl des Signaturmodus.

3.   GR enthält *zusätzlich* einen Multiplexer M2 zur Auswahl des Schiebemodus.

4.   Ein BILBO enthält zumeist *zusätzlich mehrere* Antivalenzgatter in der linearen
        Rückkopplung zur Realisierung eines LRS der Normalform I.

5.   Ein BILBO enthält *zusätzlich* einen Multiplexer, um zwischen Schiebe- und
        Rückkopplungsmodus zu schalten.

Die Grundzellen G1 und G2 selbst bestehen wie die Grundzellen des BILBO aus drei logischen Bauelementen, wobei es technologieabhängig ist, ob die Grundzelle G2 oder die Grundzelle des BILBO aufwendiger realisiert wird. Nur die Grundzelle G1 scheint mehr Transistoren zu benötigen. Diese Zelle wird allerdings nur an wenigen Stellen zur Realisierung der Rückkoppel-funktion benötigt. Folglich ist die Selbsttestkonfiguration mit BILBOs oder mit optimierten Zufallsmustern von ungefähr gleichem Schaltungsaufwand. Sind viele Variablen auf einen anderen Wert als 0.5 einzustellen und sinkt dadurch die notwendige Musterzahl, so hat der Selbsttest mit optimierten Zufallsmustern gleich zwei Vorteile:

1.   Schaltungen, die im konventionellen Selbsttest mit Zufallsmustern nicht oder nicht wirtschaftlich testbar waren, können in jetzt praktikabler Anwendungszeit geprüft werden.

2.   Der Zusatzaufwand an Hardware hierfür kann wegen der Einsparung an Antivalenz-gattern sogar noch geringer als bei der Realisierung eines konventionellen Selbst-tests mit BILBOs sein.

Die wirtschaftliche Implementierung eines BILBOs oder eines optimierten Zufallsmustergenera-tors verlangt genau wie beim Scan Design entsprechende Zellen. Es addieren sich dann zu den Kosten eines Prüfpfades die Kosten der rückkoppelnden Verdrahtung, der Multiplexer und der zusätzlichen logischen Gatter. Je nach Zahl der vorkommenden Speicherelemente und nach Technologie verlangt diese Technik einen Mehraufwand von 10 % bis 20 % /AlKr84/. Diese Mehrkosten reduzieren jedoch die Kosten anderer Testschritte, so daß der Gesamtaufwand für den Test deutlich geringer wird. In der Literatur wird geschätzt, daß ein Mehraufwand an Chip-Fläche von 30 % bis 40 % für den Selbsttest höchstintegrierter Schaltungen in kleinen und mittleren Auflagen immer noch wirtschaftlich ist /VARM84/.

Ein großer Teil des Mehraufwands kann bei pipelineartigen Strukturen eingespart werden. Hier wechseln sich Register und Schaltnetze ab, ohne daß es zwischen ihnen Verzweigungen oder gar Zyklen gäbe (Bild 5.12).

Hier genügt es, vor und nach der Pipeline ein BILBO zu schalten und die übrigen Register un-verändert zu lassen /KrAl85a/. Es läßt sich leicht verifizieren, daß alle hier für Schaltnetze her-geleiteten Schätz- und Optimieralgorithmen ebenfalls für Pipeline-Schaltungen gelten. Daher ge-nügt es auch in diesem Fall, Generatoren optimierter Zufallsmuster vor die Pipeline zu schalten, um zu äußerst niedrigen Kosten einen sehr wirtschaftlichen Selbsttest zu erzielen.

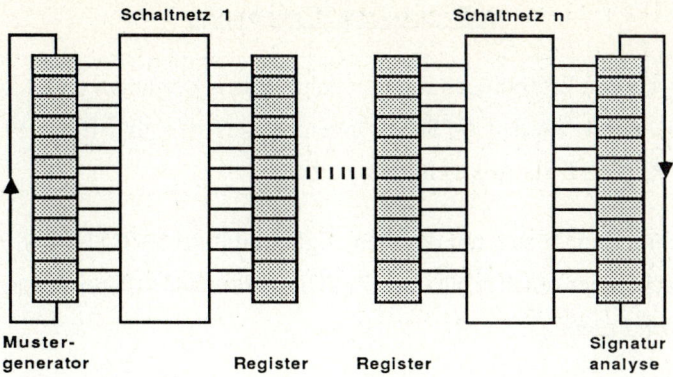

Bild 5.12: Pipeline-Struktur

Etwas kritischer sind die Einflüsse auf das Zeitverhalten, welche die Zusatzlogik für den Selbsttest hervorrufen kann. In der Literatur wird der Geschwindigkeitsverlust auf ca. 30 % geschätzt (/KrAl85b/, /AlKr84/), so daß die Selbsttestarchitektur bei bestimmten Höchstleistungs-
anwendungen ihre Grenzen findet. Allerdings sind dies aber auch nicht die gegenwärtig bevor-
zugten Anwendungsgebiete der Schaltungssynthese.-

6 Praktische Ergebnisse

In diesem Kapitel werden Erfahrungen mit den behandelten Verfahren und Algorithmen dargestellt und bewertet. Zuerst werden die Schaltungen beschrieben, über deren Ergebnisse bei der
Behandlung mit PROTEST Statistik geführt wurde.

Der nächste Abschnitt befaßt sich mit der Genauigkeit, mit der PROTEST Signal- und Fehlerentdeckungswahrscheinlichkeiten schätzt, und mit der Korrelation dieser Schätzwerte zu experimentell gewonnenen Daten.

Anschließend wird untersucht, in welchen Größenordnungen die Zahl notwendiger Zufallsmuster durch die Optimierung reduziert wird; durch Fehlersimulation wird belegt, daß dabei mit
einer weit kleineren Testmenge eine weit höhere Fehlerüberdeckung erreicht werden kann.

Schließlich geben wir die Architektur einer sich selbst testenden Schaltung für den optimierten
Zufallstest an.

6.1 Untersuchte Schaltungen

Als Basis für experimentelle Untersuchungen kommen nur Schaltnetze in Frage, gleichgültig,
ob sie durch Schaltnetzextraktion aus einem Chip im Scan Design gewonnen wurden oder ob
die Schaltung von vornherein nur als Schaltnetz konzipiert war.

Die untersuchten Schaltnetze stammen aus zwei Gruppen. Die eine Gruppe bilden die von
Brglez et al. vorgeschlagenen "Benchmarks für Testwerkzeuge" /BRGL85/. Dies sind Schaltnetze, die zum Teil durch Schaltnetzextraktion aus realen Schaltungen im Scan Design gewonnen wurden und in einer Sitzung des International Symposium on Circuits and Systems
(ISCAS), Kyoto 1985, zur Untersuchung der Leistungsfähigkeit verschiedener Testmusterge-
neratoren und Simulatoren dienten. Es handelt sich um 10 Schaltnetze, deren wichtigste Maßzahlen Tabelle 4 wiedergibt.

Diese erste Gruppe von Schaltungen ist nicht speziell für den Zufallstest entworfen worden und
soll als objektive Grundlage der Leistungsfähigkeit der diskutierten Algorithmen dienen. Leider
ist weder ihre Funktion noch ihr Kontext publiziert worden. Daher wurde noch eine zweite
Gruppe von Schaltungen untersucht, deren Funktion bekannt ist.

Name	Gatterzahl	Knotenzahl Eingänge	primäre Ausgänge	primäre
C432	160	432	36	7
C499	202	499	41	32
C880	383	880	60	26
C1355	546	1355	41	32
C1908	880	1908	33	25
C2670	1193	2670	233	140
C3540	1669	3540	50	22
C5315	2307	5315	178	123
C6288	2406	6288	32	32
C7552	3512	7552	207	108

Tabelle 4: Charakteristika von 10 untersuchten Schaltnetzen als Benchmarks /BRGL85/

Es handelt sich im einzelnen um:

S1: Die Arithmetisch-Logische Einheit SN74181 nach dem Schaltbild aus /TI80/.

S2: Ein nach /Hart80/ hierarchisch konstruierter Addierer und Multiplizierer, der auf 8 Bit Datenbreite die Funktion F:=A*B+C+D ausführt. Er hat somit 32 primäre Eingänge, genauso viele primäre Ausgänge und 1568 Gatter.

S3: Die Kaskadierung der Vergleicher SN7485 nach /TI80/, wie sie bereits in Bild 3.6 dargestellt wurde. Die bereits erwähnte Redundanz der Schaltung wurde eliminiert. Die Schaltung besitzt 51 primäre Eingänge.

S4: Ein 16-bit Komparator nach /WuKu85b/, der A ≥ B feststellt (siehe Bild 3.5).

S5: Der kombinatorische Teil eines 32-bit Dividierers nach /WuKu85a/.

6.2 Validierung der Schätzergebnisse von PROTEST

6.2.1 Die Methode

Durch Vergleich der geschätzten Signalwahrscheinlichkeiten mit den Ergebnissen einer Logiksimulation mit großen Zufallmustermengen wurde das Schätzverfahren aus Kapitel 3 validiert.

Für jeden Knoten k einer Schaltung seien PR(k) der von PROTEST geschätzte Wert für die Signalwahrscheinlichkeit und SI(k) der Quotient der Zahl der Muster, die k auf "1" setzen, dividiert durch die Gesamtzahl der Muster. Untersucht wurden die maximale Differenz

$$M_{err} := \max\{|PR(k)-SI(k)| \mid k \in K\},$$

die durchschnittliche Differenz

$$A_{err} := \frac{\sum_{k \in K}|PR(k)-SI(k)|}{|K|}$$

und der Korrelationskoeffizient

$$Co := Kor(SI,PR)$$

dieser beiden Variablen, welcher durch eine einfache Momentenschätzung bestimmt wurde.

Die Validierung der Vorhersagen für die Fehlerentdeckungswahrscheinlichkeit ist jedoch auf diese Weise nicht möglich, da die Bestimmung der Variablen SI(f) für alle Fehler f durch eine einfache Momentenschätzung bei weitem zu aufwendig wäre. SI(f) ist hier der Quotient der Zahl der Muster, die f entdecken, dividiert durch die Zahl aller Muster. Für verläßliche Angaben müßte dieselbe Musterzahl wie bei der Validierung der Signalwahrscheinlichkeiten simuliert werden, jedoch mit der bei weitem aufwendigeren Fehlersimulation anstelle einfacher Logiksimulation.

Daher bestimmen wir SI(f) für jeden Fehler f nicht durch eine Momenten-, sondern durch eine Maximum-Likelihoodschätzung. Hierbei werden für jeden Fehler $f \in F$ in m verschiedenen Gruppen Simulationsläufe durchgeführt. In jeder Gruppe von Simulationen werden n_i Zufallsmuster simuliert, wobei die n_i definiert sind durch

$$n_i := \quad \begin{array}{l} \text{Index des Musters, das f das erste Mal entdeckt} \\[1em] \text{MAX, falls f nach MAX Mustern noch nicht entdeckt wurde.} \end{array}$$

Der zu schätzende Parameter ist die Fehlerentdeckungswahrscheinlichkeit p_f. Daß in der Gruppe i der Fehler nach n_i Simulationen das erste Mal entdeckt wird, besitzt nach den Regeln der Poisson-Verteilung die Wahrscheinlichkeit von

$$f_i(p_f) = n_i p_f e^{-n_i p_f}$$

Wird in der Gruppe i der Fehler nicht entdeckt, so ist n_i = MAX, und die Wahrscheinlichkeit für diesen Fall ist

$$f_i(p_f) = e^{-n_i p_f}$$

Aus der Funktion

$$F(a) := \prod_{i \leq m} f_i(a)$$

wird p_f durch Maximieren geschätzt. Dazu löst man die Gleichung $F'(p_f)=0$, setzt m' gleich der Anzahl von Gruppen, in denen f entdeckt wird und erhält

$$SI(f) = p_f = \frac{m'}{n_1 + \ldots + n_m}$$

Mit dieser Methode wurde der Korrelationskoeffizient für die Fehlerentdeckung duch Modellierung des Signalflusses bestimmt. Bei allen untersuchten Beispielen lag er bislang stets über 0.9 (siehe unten).

Jedoch wäre die Validierung der Vorhersage schwierig, wie gut Fehler durch Einfach-Pfad-Sensibilisierung erkannt werden, da keine Werkzeuge existieren, mit denen man prüfen kann, ob eine Belegung eines Schaltnetzes tatsächlich zur Einfach-Pfad-Sensibilisierung führt. Es wurden daher die Ergebnisse vom PROTEST ebenfalls zu den mit einer Maximum-Likelihood-Schätzung bearbeiteten Resultaten der Fehlersimulation korreliert. Ein Beispiel mit einer Korrelation unter 0.95 wurde nicht gefunden.

Die traditionellen Testbarkeitsmaße haben sich nicht das Ziel gesteckt, explizit Fehlerentdeckungswahrscheinlichkeiten zu schätzen. Daher sind bei ihnen weit schwächere Korrelationen zu erwarten. In /AgMe82/ wurde anhand größerer Schaltungen der Korrelationskoeffizient für die von SCOAP vorhergesagten Ergebnisse bestimmt. Auch bei Schaltnetzen lag in diesen Untersuchungen der Koeffizient um 0.4. Spätere Untersuchungen /MeUn84/ ergaben leicht höhere Werte um 0.5.

6.2.2 Signalwahrscheinlichkeiten

Alle bislang untersuchten Beispiele haben - in Abhängigkeit von den beiden freien Parametern MAXVERB und MAXLIST - maximale Abweichungen der geschätzten von der tatsächlich simulierten Signalwahrscheinlichkeit unter 0.2, durchschnittliche Fehler unter 0.03 und Korrelationskoeffizienten über 0.98 erbracht.

Tabelle 5 zeigt die Ergebnisse der Logiksimulation anhand der Schaltungen S1 und S2 für die Schätzung der Signalwahrscheinlichkeiten. Hier sind MAXVERB der in Kapitel 3 eingeführte Parameter, ME der maximal aufgetretene Schätzfehler, AE der durchschnittliche Schätzfehler und Co die Korrelation der Vorhersagen mit den Ergebnissen der Logiksimulation. Simuliert wurden jeweils Gruppen von 2000 Zufallsmustern.

Schaltung	MAXVERB	ME	AE	Co
S1	4	0.107	0.012	0.970
S1	6	0.105	0.011	0.992
S1	10	0.095	0.009	0.995
S2	4	0.153	0.027	0.991
S2	6	0.157	0.026	0.991
S2	10	0.149	0.023	0.993

Tabelle 5:   Signalwahrscheinlichkeiten: Schätzung vs.Simulation

Das etwas schlechtere Abschneiden der Schaltung S2 rührt daher, daß in der Schaltung durch den Übertrag bei Multiplikation und Addition extrem viele Knoten mit rekonvergierenden Zweigen vorkommen. Im übrigen ist die Korrelation deutlich höher als bei den erwähnten konventionellen Testbarkeitsmaßen.

6.2.3 Fehlerentdeckungswahrscheinlichkeiten

Die grobe Abschätzung durch die Modellierung des Signalflusses dient im wesentlichen zur Beschleunigung des Iterationsalgorithmus bei der Optimierung. Dennoch zeigt sich eine sehr hohe Übereinstimmung zwischen der Vorhersage und der durch Fehlersimulation ermittelten Entdeckungswahrscheinlichkeit:

Schaltung	MAXVERB	ME	AE	Co
S1	4	0.15	0.04	0.97
S2	4	0.48	0.11	0.90

Tabelle 6:   Fehlerentdeckungswahrscheinlichkeit (Signalfluß): Schätzung vs. Simulation

Es ist hier mangels geeigneter Werkzeuge nicht möglich, die Korrelation zwischen der Vorhersage und der tatsächlichen Entdeckung durch *Einfach*-Pfad-Sensibilisierung zu messen. Da aber dieselben Algorithmen wie zur Bestimmung der Signalwahrscheinlichkeiten verwendet werden, gibt es kein Indiz dafür, wesentlich andere Werte als in Tabelle 5 anzunehmen. Wie erwähnt führt die Schätzung durch *Einfach*-Pfad-Sensibilisierung zur einer systematischen Unterschätzung der Fehlerentdeckungswahrscheinlichkeiten.

6.3 Musterzahlen für optimierte und für nicht optimierte Eingangswahrscheinlichkeiten

In diesem Abschnitt stellen wir die von PROTEST geforderten Musterzahlen für die untersuchten Schaltnetze zusammen und zeigen, daß diese Vorhersagen durch die Fehlersimulation bestätigt werden. Tabelle 7 vergleicht geforderte Musterzahlen für den konventionellen und für den optimierten Zufallstest.

Schaltung	geforderte Musterzahl beim traditionellen Zufallstest	geforderte Musterzahl mit optimierten Zufallsmustern
S1	$2,1 * 10^2$	$1,7 * 10^2$
S2	$9,6 * 10^2$	$3,0 * 10^2$
S3	$5,6 * 10^8$	$1,5 * 10^4$
S4	$9,7 * 10^5$	$1,0 * 10^4$
S5	$2,0 * 10^{11}$	$4,0 * 10^4$
C432	$2,5 * 10^3$	$1,5 * 10^3$
C499	$1,9 * 10^3$	$1,9 * 10^3$
C880	$3,7 * 10^4$	$6,6 * 10^2$
C1355	$2,2 * 10^6$	$2,2 * 10^6$
C1908	$6,2 * 10^4$	$1,3 * 10^4$
C2670	$1,1 * 10^7$	$6,9 * 10^4$
C3540	$2,3 * 10^6$	$1,7 * 10^5$
C5315	$5,3 * 10^4$	$8,1 * 10^3$
C6288	$1,9 * 10^3$	$5,7 * 10^2$
C7552	$4,9 * 10^{11}$	$1,2 * 10^5$

Tabelle 7: Umfang der Testmengen beim traditionellen und beim optimierten Zufallstest (von PROTEST geschätzt)

Für die einzelnen Schaltungen wurde gefordert, daß alle Fehler mit einer Wahrscheinlichkeit entdeckt werden, die über 0.98, mitunter auch über 0.999 liegt. Zur qualitativen Interpretation dieser Tabelle treffen wir die vereinfachende Annahme, daß alle Schaltungen mit 20 MHz betrieben werden und eine BILBO-Technik eingesetzt wird, die es erlaubt, innerhalb dreier Taktzyklen ein neues Muster zu erzeugen und auszuwerten. Ohne Initialisierung, Auswertung u. a. m. ergeben sich dann allein für den Selbsttest folgende Anwendungszeiten in Sekunden:

Schaltung	Testzeit (sec) beim traditionellen Zufallstest	Testzeit (sec) mit optimierten Zufallsmustern
S3	84	0,002
S5	30 000	0,006
C2670	1,7	0,01
C7552	73 500	0,002

Tabelle 8: Testzeiten für den traditionellen und den optimierten Selbsttest in Sekunden

In die obenstehende Tabelle haben wir nur diejenigen Schaltungen aufgenommen, für die ein konventioneller Zufallstest länger als eine Sekunde dauern würde. Für geringere Zeiten überwiegen beim Test die mechanische Handhabung, Initialisierung oder Auswertung. Deutlich längere Testzeiten wirken sich jedoch auf den Durchsatz und damit auf die Kosten aus. Besonders kritisch sind die Schaltungen S5 und C7552, die eine Testanwendungszeit von fast 9 und über 20 Stunden benötigten.

Bereits für kleine Auflagen der Schaltung ist hier ein konventioneller Zufallstest unwirtschaftlich und nicht mehr möglich. Die Testzeit für den in dieser Arbeit vorgeschlagenen optimierten Zufallstest bewegt sich dagegen in allen Fällen im Millisekundenbereich.

Im Anhang sind zur Illustration für einige der Schaltungen die von PROTEST gefundenen optimierten Eingangswahrscheinlichkeiten angegeben, die zum Teil sehr stark vom konventionellen Wert 0.5 abweichen.

6.4 Fehlersimulation mit optimierten und nicht optimierten Mustermengen

Die Tabellen des vorangehenden Abschnitts gaben die Schätzungen von PROTEST wieder. Erst durch Fehlersimulation läßt sich feststellen, ob bei den erwähnten Schaltungen der traditionelle Zufallstest tatsächlich so unzureichende Ergebnisse liefert und ob die von PROTEST vorgeschlagenen Verteilungen für optimierte Eingangswahrscheinlichkeiten tatsächlich die Fehlerüberdeckung ansteigen lassen.

Die Ergebnisse der Fehlersimulation sind jedoch nur so lange sinnvoll zu interpretieren, wie sie sich auf tatsächlich erkennbare Fehler beziehen. Daher wurden diejenigen Fehler, die PRO-

TEST als redundant erkannt hat, aus der Fehlerliste entfernt, und alle Prozentzahlen beziehen sich auf die Fehler, die PROTEST nicht als redundant erkennt.

Falls PROTEST Redundanz übersieht, sinkt die überhaupt erreichbare Fehlerüberdeckung unter 100 %.

Schaltung	nicht optimierte Muster und erreichte Fehlerüberdeckung	optimierte Muster und erreichte Fehlerüberdeckung
S3	12 000 / 80,7 %	12 000 / 99,7 %
S4	12 000 / 77,2 %	12 000 / 99,7 %
S5	10 000 / 81,2 %	10 000 / 99,2 %
C880	658 / 97,2 %	658 / 100 %
C2670	4 000 / 88,0 %	4 000 / 99,7 %
C7552	4 096 / 93,9 %	4 000 / 98,9 %

Tabelle 9:   Tatsächlich erzielte Fehlerüberdeckung

Auch in diese Tabelle wurden (bis auf C880) nur diejenigen Schaltungen aufgenommen, bei denen aus den Vorhersagen von PROTEST auf unzureichende Ergebnisse im konventionellen Zufallstest zu schließen war. Diese unzureichenden Ergebnisse haben sich tatsächlich bestätigt, und überdies hat sich gezeigt, daß im optimierten Fall die normalerweise an die Fehlerüberdeckung gestellten Anforderungen übertroffen werden.

Es konnte nicht untersucht werden, wieviele der im optimierten Fall an hundert Prozent fehlenden Promille der Fehlerüberdeckung durch Redundanz verursacht waren. Jedoch hat PROTEST bereits vor der Simulation erkannt, daß 4,5 % der Fehler in C2670 und 0,62 % der Fehler aus C7552 nicht erkennbar sind, und hat diese aus der Fehlerliste entfernt. Die Simulationsergebnisse im nicht optimierten Fall für C7552 wurden von Carter et al. /CART85/ übernommen und mußten auf die von PROTEST zugelassene Fehlerzahl umgerechnet werden.

Auch die Fehlersimulation hat gezeigt, daß alle untersuchten, für einen traditionellen Zufallstest ungeeigneten Schaltungen mit optimierten Mustern zu behandeln waren.

6.5 Optimierte Mustererzeugung per Hardware

In diesem Abschnitt stellen wir die für die Schaltung C880 vorgeschlagenen Eingangswahrscheinlichkeiten zusammen und beschreiben die dazu nötige Zusatzausstattung. PROTEST schlägt die folgenden Eingangswahrscheinlichkeiten als besonders geeignet vor:

Wahrscheinlichkeit	Eingang
0.1	50, 52
0.2	55
0.25	7,15,34,35,36,37,56,57
0.3	53,59
0.35	38,42
0.4	24,25,26,27,28,29,43,46
0.45	47,54
0.5	18,19,20,21,22,23,30,44,60
0.55	4,41,48
0.6	8
0.65	45,58
0.7	6,11,16,40,43,46,51
0.75	12,13,14,31,39
0.8	2,9,32,49
0.85	1,10,17,33
0.95	3,5

Tabelle 10:   Optimierte Eingangswahrscheinlichkeiten für C880

Diese Wahrscheinlichkeiten wurden durch stetige Optimierung erzielt und gerundet. Der vorgeschlagene Mustergenerator kann jedoch nur im Raster von 1/8 Wahrscheinlichkeiten einhalten, daher werden die Eingänge zunächst wie folgt zusammengefaßt:

Wahrscheinlichkeit	Eingang
1/8	50, 52
2/8	7,15,34,35,36,37,53,55,56,57,59
3/8	24,25,26,27,28,29,38,42,43,46
4/8	4,18,19,20,21,22,23,30,41,44,47,48,54, 60
5/8	8,45,58
6/8	2,6,9,11,12,13,14,16,31,32,39,40,43, 46,49,51
7/8	1,3,5,10,17,33

Tabelle 11:   Gruppierung der Eingangswahrscheinlichkeiten für den Selbsttest

Da die optimierten Eingangswahrscheinlichkeiten nur angenähert werden können, verlangen wir, daß der Mustergenerator mindestens 2047 verschiedene Muster generieren können soll. Dazu muß das maximale LRS mindestens 11 Speicher enthalten. Da jedoch nur 14 Eingänge auf 0.5 einzustellen sind, bleiben bloß 3 Speicher für alle maximalen LRS der 3 Module $M_{1/8(7/8)}$, $M_{1/4(3/4)}$, $M_{3/8(5/8)}$ zusammen.

Abhilfe wäre dann möglich, wenn C880 nur einen Teil einer Gesamtschaltung bildete, in der noch weitere Speicherelemente vorkommen, die mit Wahrscheinlichkeit 0.5 auf "1" zu setzen sind. Ist dies jedoch nicht der Fall, bleibt die Möglichkeit, durch stärkere Rundung der geforderten Eingangswahrscheinlichkeiten die Eingänge wie folgt zu gruppieren:

Wahrscheinlichkeit	Eingang
1/8	50, 52
(negiert: 7/8)	1,3,5,10,17,33
2/8	7,15,34,35,36,37,53,55,56,57,59
(negiert: 6/8)	2,6,9,11,12,13,14,16,31,32,39,40,43, 46,49,51
0.5	4,8,18,19,20,21,22,23,24,25,26,27,28,29, 30,38,41,42,44,45,47,48,54,58,60

Tabelle 12:   Endgültige Gruppierung der Eingangswahrscheinlichkeiten

Für die zwei zu realisierenden Moduln GR werden je 6 Speicherelemente mit Wahrscheinlichkeit 0.5, für das maximale LRS 11 Speicherelemente, also zusammen 23 benötigt, 25 stehen zur Verfügung. Auch die Fehlersimulation der Schaltung C880 mit 2000 so erzeugten, optimierten Zufallsmuster im Selbsttest ergab eine vollständige Fehlerüberdeckung.

Anhang

1. Der Aufbau von PROTEST

Für die in der Arbeit beschriebenen Algorithmen existiert unter dem Namen PROTEST eine Prototypimplementierung in PASCAL. Die experimentiellen Daten wurden auf Rechnern der Fa. Siemens unter BS2000 gewonnen. Da die Implementierung nicht unter dem Gesichtspunkt erstellt wurde, sie unmittelbar in die industrielle Praxis zu überführen, war es nicht nötig, auf möglichst kurze Rechenzeiten zu achten. Daher sind die absoluten Rechenzeiten wenig aussage-kräftig. Dennoch läßt sich aus den untersuchten Beispielen qualitativ ablesen, daß alle Schritte von PROTEST, auch die Optimierung, im Durchschnitt ein lineares Wachstum der Rechenzeit bzgl. der Schaltungsgröße besitzen.

Zum Zeitpunkt der Drucklegung war die Implementierung als kommerzielles Werkzeug für Ent-wurfsstationen in Zusammenarbeit mit einem industriellen Partner noch nicht vollständig abge-schlossen, so daß für die Dokumentation absoluter Rechenzeiten auf spätere Arbeiten verwiesen wird. Das Entwurfswerkzeug unterstützt alle wesentlichen genannten Aufgaben, die beim Test mit Zufallsmustern anfallen. Bild 1 zeigt die einzelnen Programmteile.

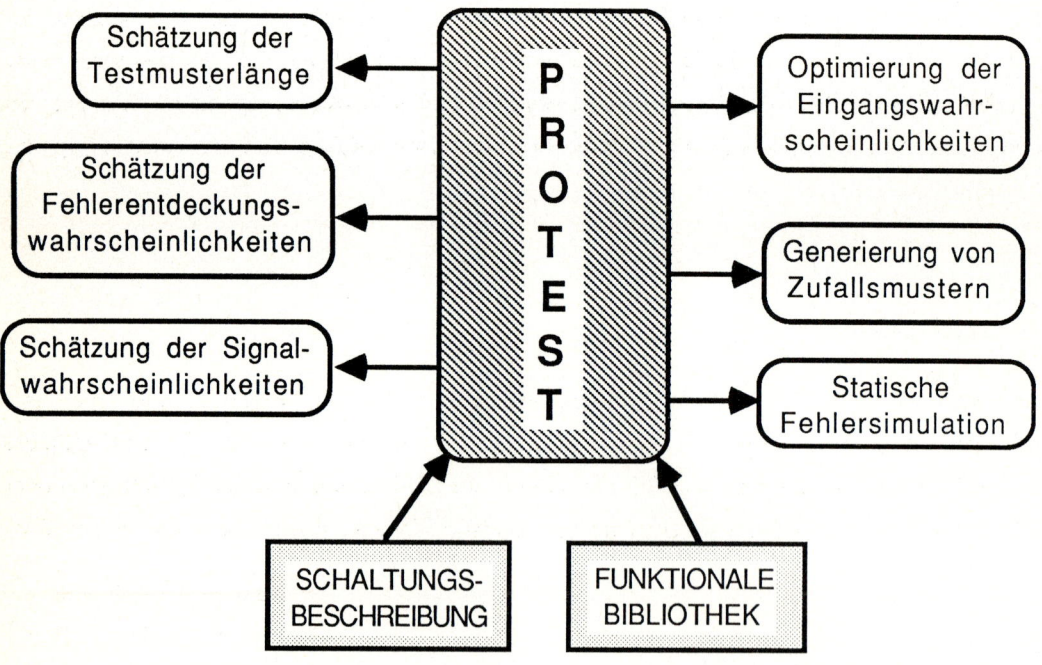

Bild 1:   Aufbau von PROTEST

Funktionale Bibliothek:

Der Benutzer kann für die logischen Zellen des Schaltnetzes mit Formeln und Hilfsvariablen die Funktion definieren. Daraus wird eine zweistufige, minimierte Form generiert und in ein PASCAL-Programm umgewandelt, das diese Funktion ausführt. Technologieabhängig wird für jeden möglichen Fehler dieser Grundzelle die fehlerhafte Funktion erzeugt. Die Fehlfunktionen werden in Äquivalenzklassen eingeteilt und ebenfalls als PASCAL-Programme abgespeichert.

Schaltungseingabe:

Hat der Benutzer seine funktionale Bibliothek spezifiziert, kann er in einem einfachen oder hierarchischen Netzlistenformat seine Schaltung beschreiben. Auf dieser Grundlage erzeugt PROTEST eine interne Netzliste, auf der Fehlerkollabierung, Analyse, Optimierung und Simulation ablaufen.

Fehlerkollabierung:

Es wird eine lokale Fehlerzusammenfassung durchgeführt. Die Fehleräquivalenzklassen benachbarter Gatter werden zusammengefaßt, falls die Funktion beider Gatter nach außen für beide Fehleräquivalenzklassen gleich ist. Derart werden die Äquivalenzklassen von mehreren Gattern wiederholt behandelt. Das Programm verzichtet auf eine vollständige Kollabierung und hat linearen Aufwand.

Schaltungsanalyse:

Der Benutzer kann ein Tupel von Eingangswahrscheinlichkeiten vorgeben, und PROTEST schätzt für diese Verteilungen die Signalwahrscheinlichkeit an allen Knoten. Optional kann die Fehlerentdeckungswahrscheinlichkeit entweder durch die Modellierung des Signalflusses oder durch Bestimmung der Wahrscheinlichkeit der Einfach-Pfad-Sensibilisierung geschätzt werden.

Optimierung:

Mit den beschriebenen Algorithmen werden optimierte Eingangswahrscheinlichkeiten gesucht.

Musterlängen:

Für die eingegebenen oder für die optimierten Eingangswahrscheinlichkeiten werden die notwendigen Musterzahlen nach den aufgestellten Formeln bestimmt.

Mustererzeugung:

Für beliebige Eingangswahrscheinlichkeiten kann ein Zufallsgenerator Testmuster erzeugen.

Fehlersimulation:

Die erzeugten Muster können mit einer statischen Fehlersimulation bearbeitet werden. Dies geschieht zur Validierung der Vorhersagen von PROTEST, zur Validierung eines Selbsttests mit entworfener Zusatzausstattung oder zur Erzeugung einer deterministischen kleineren Testmenge.

2. Beweis der Formel (4.11)

Im weiteren beweisen wir folgende Behauptungen

1) Für alle Fehler f ist $A_f(X)$ positiv semidefinit.

2) Falls F sämtliche Haftfehler an den primären Eingängen enthält, dann ist

$$\sum_{f \in F} e^{-Np_f(X)} A_f(X)$$

positiv definit.

3) Unter dieser Voraussetzung existiert eine positive Diagonalmatrix D_N mit

$$Y'(\sum_{f \in F} e^{-Np_f(X)} A_f(X))Y > Y'D_N Y$$

für alle Y.

4)   Es gibt eine Zahl CN, so daß für alle Y mit $|Y| = 1$

$$C_N < Y'(\sum_{f \in F} e^{-Np_f(X)} B_f(X))Y$$

gilt.

Wenn es uns nach dem Beweis der Behauptungen 1) - 4) noch gelingt, eine hinreichende Bedingung dafür anzugeben, daß für alle Y mit $|Y| = 1$ die Zahl $Y'D_NY$ größer oder gleich C_N ist, dann haben wir ein Kriterium dafür gefunden, daß $J_N(X)$ eine konvexe Funktion ist. Wir beginnen mit dem Beweis der Behauptungen:

1)   *Für alle Fehler f ist $A_f(X)$ positiv semidefinit.*

Denn:

$$Y'A_f(X)Y = (Y'a_f(X))(a_f(X)'Y) = (y_1a_f(X)_1+...+y_na_f(X)_n)^2 \geq 0.$$

2)   *Falls F sämtliche Haftfehler an den primären Eingängen enthält, dann ist*

$$\sum_{f \in F} e^{-Np_f(X)} A_f(X)$$

positiv definit.

Wegen

$$Y'(\sum_{f \in F} e^{-p_f(X)N} A_f(X))Y = \sum_{f \in F} e^{-p_f(X)N}(Y'a_f(X))(a_f(X)'Y)$$

genügt es zu zeigen, daß für jedes $Y \in \mathbf{R}^n$ ein $f \in F$ existiert mit $(a_f(X)'Y) \neq 0$. Dies ist genau dann der Fall, wenn sich aus Linearkombinationen der $a_f(X)$ eine Basis des $\mathbf{R}^n$ aufspannen läßt.

Dazu konstruieren wir Vektoren $(0,..,0_{i-1},z,0_{i+1},..0)$, $z \neq 0$, wie folgt:

f1 sei der s0-Fehler am primären Eingang i und f2 der s1-Fehler, beide sind nach Voraus - setzung in **F** enthalten. Es sind

$$a_{f1}(X) := ((p_{f1}(X,0_1)-p_{f1}(X,1_1)),...,(p_{f1}(X,0_n)-p_{f1}(X,1_n)))' \text{ und}$$

$$a_{f2}(X) := ((p_{f2}(X,0_1)-p_{f2}(X,1_1)),...,(p_{f2}(X,0_n)-p_{f2}(X,1_n)))'.$$

Es sei $s_i(X)$ die Wahrscheinlichkeit, daß der Wert des Eingangs i am Schaltungsausgang zu beobachten, d.h. daß die Boolesche Differenz der Schaltungsfunktion wahr ist.

Dann sind $p_{f1}(X) = x_i*s_i(X)$, $p_{f2}(X) = (1-x_i)*s_i(X)$ und $p_{f1} = x_i/(1-x_i)*p_{f2}(X)$. Also ist

$$a_{f1}(X)-(x_i/(1-x_i))af2(X) = (0,..,0_{i-1},z,0_{i+1},..,0)$$

mit

$$z = (p_{f1}(X,0_i)-p_{f1}(X,1_i)-(x_i/(1-x_i))(p_{f2}(X,0_i)-p_{f2}(X,1_i)).$$

Da f1 ein s0-Fehler ist, gelten $p_{f1}(X,0_i) = 0$ und $p_{f1}(X,1_i) = s_i(X)$ und entsprechend für f2 $p_{f2}(X,1_i) = 0$ und $p_{f2}(X,0_i) = s_i(X)$. Folglich ist

(1) $z=s_i(X)/(1-x_i) \neq 0.$

Damit ist Behauptung 2) bewiesen.

3)   *Es existiert eine positive Diagonalmatrix D_N mit*

$$Y'(\sum_{f\in F} e^{-Np_f(X)} A_f(X))Y > Y'D_N Y$$

für alle Y.

Es seien alle Bezeichnungen wie im Beweis von Behauptung 2). Für beliebige $Y \in \mathbf{R}^n$ mit $|Y| = 1$ gilt

$$Y'(\sum_{f\in F} e^{-p_f(X)N} A_f(X))Y \geq e^{-P_{f1}(X)N}(Y'a_{f1}(X)a_{f1}(X)'Y) +$$

$$e^{-P_{f2}(X)N}(Y'a_{f2}(X)a_{f2}(X)'Y)$$

und aus dem vorhergehenden Beweis folgt

$$y_i*z=a_{f1}(X)'Y+(x_i/(1-x_i))a_{f2}(X)'Y.$$

Wir setzen

$$a := a_{f1}(X)'Y,$$

dann ist

$$a_{f2}(X)'Y = (a-y_i*z)(1-x_i)/x_i.$$

Also ist

$$e^{-p_{f1}(X)N}(Y'a_{f1}(X)a_{f1}(X)'Y) +$$

$$e^{-p_{f2}(X)N}(Y'a_{f2}(X)a_{f2}(X)'Y)$$

gleich

$$d(a) := e^{-p_{f1}(X)N}a^2 + e^{-p_{f2}(X)N}(a-y_i*z)^2(\frac{1-x_i}{x_i})^2$$

Wir setzen

$$p1 := e^{-p_{f1}(X)N} \quad und \quad p2 := e^{-p_{f2}(X)N},$$

leiten d nach a ab, und finden das Minimum von d bei

$$a = \frac{p2*y_iz}{p2+p1(\frac{x_i}{1-x_i})^2}$$

und dies in d(a) eingesetzt ergibt

$$(y_iz)^2(\frac{p1p2^2}{(p2+p1(\frac{x_i}{1-x_i})^2)^2} + \frac{p2p1^2(\frac{x_i}{1-x_i})^4}{(p2+p1(\frac{x_i}{1-x_i})^2)^2}*\frac{(1-x_i)^2}{x_i^2}) =$$

$$(y_iz)^2\frac{p1p2}{p2+p1(\frac{x_i}{1-x_i})^2}$$

Setzen wir den oben berechneten Wert für z ein, folgt

$$d(a) \geq \frac{y_i^2 s_i(X)^2 * p1 * p2}{p2(1-x_i)^2 + p1 x_i^2} = \frac{y_i^2 s_i(X)^2}{(1-x_i)^2 e^{x_i s_i(X)N} + x_i^2 e^{(1-x_i)s_i(X)N}}$$

und

$$d_i(X) := \frac{s_i(X)^2}{(1-x_i)^2 e^{x_i s_i(X)N} + x_i^2 e^{(1-x_i)s_i(X)N}}$$

sind die Diagonalelemente unserer gesuchten Matrix D_N.

4)   **Es gibt eine Zahl C_N, so daß für alle Y mit $|Y| = 1$**

$$C_N < Y'(\sum_{f \in F} e^{-Np_f(X)} B_f(X))Y$$

gilt.

Wir führen die Überlegungen vorerst nur für einen einzigen Fehler f durch. Es war

$$B_f := \frac{d^2 p_f(X)}{dx_i dx_j}$$

Der Ausdruck $p_f(X)$ ist die arithmetische Einbettung derjenigen Booleschen Funktion, die genau dann wahr ist, wenn ein Testmuster anliegt, und kann nach Folgerung 4.9 als Summe der arithmetischen Einbettungen der Minterme $\Sigma t(X)$ geschrieben werden. Eine Einbettung eines Minterms ist ein Produkt aus den Faktoren x_i, falls x_i in dem Minterm bejaht ist, und aus $(1-x_i)$, falls x_i in dem Minterm negiert vorkommt.

Im ersten Fall ist $dt(X)/dx_i = t(X)/x_i$ und im zweiten Fall $dt(X)/dx_i = -t(X)/(1-x_i)$.

Wir setzen

$$\Omega(t,i) := \begin{cases} 1/x_i, & \text{die i-te Variable ist in t bejaht} \\ -1/(1-x_i), & \text{die i-te Variable ist in t negiert} \end{cases}$$

Dann ist

$$\frac{d^2 p_f(X)}{dx_i dx_j}$$

eine Matrix mit $\Sigma t(X)*\Omega(t,i)*\Omega(t,j)$ als Elemente für $i \neq j$ und mit

$$\frac{d^2 p_f(X)}{d^2 x_i} = 0.$$

Mit dem Vektor $\Omega(t) := (\Omega(t,1),..,\Omega(t,n))'$ folgt

$$\frac{d^2 p_f(X)}{dx_i dx_j} = \sum_t \frac{d^2 t(X)}{dx_i dx_j} = \sum_t (t*\Omega(t)*\Omega(t)'-\Theta(t))$$

wobei $\Theta(t)$ die Diagonalmatrix mit den Elementen $t*\Omega(t,i)^2$ ist.

Die Matrix $\Sigma_t t*\Omega(t)*\Omega(t)'$ ist positiv-semidefinit, und die Elemente der Diagonalmatrix $\Sigma_t \Theta(t)$ sind alle positiv. Unsere gesuchte Zahl C_N ist somit das Maximum, das

$$\sum_{f \in F} e^{-p_f(X)N} * \sum_{t \in f} Y'\Omega(t)*\Omega(t)'Yt$$

für $|Y| = 1$ annehmen kann.

Wenn wir den maximal möglichen Wert von $1/\mu$ für $\Omega(t)$ annehmen und die Schwarzsche Ungleichung benutzen, folgt für jeden Fehler

$$\sum_t Y'\Omega(t)*\Omega(t)'Yt \leq \sum_t (\sum_i y_i^2)(\frac{n}{\mu^2})t = \frac{n}{\mu^2}p_f(X)$$

Hiermit ist auch Behauptung 4) gezeigt. Für die in Behauptung 3) gefundene positive Diagonalmatrix D_N gilt

$$Y'D_N Y \geq \min_{i \leq n} \frac{s_i(X)^2}{(1-x_i)^2 e^{x_i s_i(X)N} + x_i^2 e^{(1-x_i)s_i(X)N}}$$

für $|Y| = 1$.

Unsere Gütefunktion ist also sicher dann konvex, wenn für alle i der Wert von

(A)

$$\frac{s_i(X)^N}{(1-x_i)^2 \, e^{x_i s_i(X)N} + x_i^2 \, e^{(1-x_i)s_i(X)N}}$$

größer oder gleich

(B)

$$\sum_{f \in F} e^{-p_f(X)N} \frac{n}{\mu^2} \frac{p_f(X)}{N}$$

ist.

Wir multiplizieren beide Seiten mit dem Nenner von (A) und erhalten

$$\frac{\mu^2 N s_i(X)^2}{n} \geq \sum_{f \in F}((1-x_i)^2 \, e^{N(x_i s_i(X) - p_f(X))} + x_i^2 \, e^{N((1-x_i)s_i(X) - p_f(X))})p_f(X)$$

Diese Summe ist symmetrisch bezüglich x_i und $1-x_i$, und wir können daher ohne Beein-trächtigung der Allgemeinheit $x_i \geq 1-x_i$ annehmen. Für $p_f(X) > x_i s_i(X)$ gehen die Summanden gegen Null und brauchen nicht mehr berücksichtigt zu werden. Andernfalls wird obenstehende Ungleichung dadurch verschärft, daß wir überall $p_f(X)$ durch die minimale Fehlerentdeckungswahrscheinlichkeit p ersetzen:

$$\frac{\mu^2 N s_i(X)^2}{n} \geq ((1-x_i)^2 \, e^{N(x_i s_i(X) - p(X))} + x_i^2 \, e^{N((1-x_i)s_i(X) - p(X))})p|F|$$

Dies ist tatsächlich eine Verschärfung, da nach den Abschätzungen von Abschnitt 3.6 $N \geq p1$ gelten soll. Falls wir zusätzlich für N eine Größe fordern, so daß $N s_i(X) \geq 2n*|F|/\mu^2$ erfüllt ist, so ist unsere Gütefunktion konvex, wenn für die minimale Fehlerentdeckungswahrschein-lichkeit in der Schaltung gilt

$$p \geq x_i s_i(X) - \frac{\ln(\frac{s_i(X)}{p(1-x_i)^2})}{N}$$

3. Reduktion deterministischer Testmengen

Sowohl für die Schaltung S1 als auch für die Schaltung S2 wurden Testmustermengen erzeugt. Jedes Testmuster t erhält die reelle Zahl p(t) zugeordnet. p(t) ist das Minimum der Entdeckungswahrscheinlichkeiten der Fehler, die von t entdeckt werden. Die Testmuster werden einmal in absteigender Folge von p(t) und einmal in aufsteigender Folge von p(t) angelegt.

Schaltung	Musterzahl bei absteigender Fehlerentdeckungswahrscheinlichkeit	Musterzahl bei aufsteigender Fehlerentdeckungswahrscheinlichkeit
S1	35	31
	34	32
	38	31
	39	35
	34	34
im Mittel:	36.3	32.8
S2	50	49
	57	48
im Mittel:	53.5	48.5

Tabelle 13:   Umfang deterministischer Testmengen

Es wurden für jede Schaltung mehrere Testmengen erzeugt, um möglichst sichere experimentelle Aussagen zu gewinnen. Die Tabelle verdeutlicht, daß durch Sortieren der Fehlerliste in der Reihenfolge aufsteigender Entdeckungswahrscheinlichkeit signifikante Einsparungen an Testumfang und an Testerzeugungszeit möglich sind.

4. Die Autokorrelation der erzeugten Zufallsfolge

Wir untersuchen, wie stark die Zufallsfolge, die vom Modul M_p am Funktionsausgang f erzeugt wird, autokorreliert ist. Da der Modul SR nur die Funktion eines Schieberegisters wahrnimmt, genügt dies, um die geforderte paarweise Unabhängigkeit (*R3*) nachzuweisen. Die Autokorrelation ist abhängig von der Booleschen Funktion F, damit von der ausgegebenen Wahrscheinlichkeit, und von der Wahrscheinlichkeit, welche die eingehende Zufallsfolge E realisiert. Die nachfolgende Tabelle gibt für die ausgegebene Wahrscheinlichkeit A_{ws} und für die eingehende Wahrscheinlichkeit E_{ws} den maximalen Wert des Betrags wieder, den die Autokorrelationsfunktion C(t) nach *R3* für t = 1,..,16 bei 100.000 zufällig erzeugten Mustern angenommen hat:

\ Aws Ews	1/8	1/4	3/8
1/8	0.0017	0.0089	0.0084
1/4	0.0044	0.0053	0.0053
3/8	0.0112	0.0101	0.0071
1/2	0.0080	0.0037	0.0063
5/8	0.0016	0.0072	0.0100
3/4	0.0043	0.0053	0.0107
7/8	0.0051	0.0068	0.0045

Tabelle 14: Maximale Autokorrelationswerte

An keiner Stelle ist eine wesentliche Autokorrelation aufgetreten, so daß das untersuchte Modul M_p mit der gewählten Rückkopplungsfunktion und mit den gewählten Abgriffpunkten für die Funktion F auch die Anforderungen *R3* erfüllt.

5. Beispiele optimierter Eingangswahrscheinlichkeiten

Die folgenden zwei Tabellen listen die Vorschläge von PROTEST für Eingangswahrscheinlichkeiten der Schaltungen S3 und S4 auf. Sie vermitteln einen Eindruck, wie weit ein optimierter Zufallstest von den traditionellen gleichverteilten Zufallsmustern entfernt ist.

A0	0.63	B0	0.56	A1	0.61	B1	0.75
A2	0.38	B2	0.38	A3	0.25	B3	0.31
A4	0.13	B4	0.13	A5	0.94	B5	0.88
A6	0.88	B6	0.88	A7	0.88	B7	0.88
A8	0.88	B8	0.94	A9	0.94	B9	0.94
A10	0.88	B10	0.88	A11	0.88	B11	0.94
A12	0.88	B12	0.88	A13	0.88	B13	0.94
A14	0.94	B14	0.94	A15	0.94	B15	0.94
A16	0.88	B16	0.88	A17	0.94	B17	0.94
A18	0.94	B18	0.88	A19	0.94	B19	0.94
A20	0.94	B20	0.88	A21	0.94	B21	0.88
A22	0.94	B22	0.94	A23	0.94	B23	0.88
TI1	0.63	TI2	0.63	TI3	0.63		

Tabelle 15: Optimierte Eingangswahrscheinlichkeiten für die Schaltung S3

D0	0.20	N0	0.57	D1	0.13	N1	0.38
D2	0.13	N2	0.25	D3	0.81	N3	0.88
D4	0.88	N4	0.88	D5	0.88	N5	0.88
D6	0.88	N6	0.88	D7	0.94	N7	0.88
D8	0.94	N8	0.88	D9	0.94	N9	0.88
D10	0.94	N10	0.81	D11	0.94	N11	0.88
D12	0.88	N12	0.88	D13	0.88	N13	0.88
D14	0.88	N14	0.88	D15	0.88	N15	0.88

Tabelle 16: Optimierte Eingangswahrscheinlichkeiten für die Schaltung S4

Literaturverzeichnis

AbBa83   Banerjee, P.; Abraham, J.A.:
          Generating Tests for Physical Failures in MOS Logic Circuits
          Proc. IEEE International Test Conference, 1983

AbCe82   Aboulhamid, E.M.; Cerny, E.:
          A Class of Test Generators for Built-in-Testing
          Proc. International Conference on Circuits and Components,1982

AbCe83   Cerny, E.; Aboulhamid, E.M.:
          Built-in-Testing of pI-Testable Arrays
          Proc. FTCS-13, 1983

Agra78   Agrawal, V. D.:
          When to Use Random Testing
          IEEE, Trans. Comp., Vol. C-27, No. 11, November 1978

Agra81   Agrawal, V.D.:
          An Information Theoretic Approach to Digital Fault Testing
          IEEE, Trans. Comp., Vol. C-30, No. 8, August 1981

AgAg75   Agrawal, V. D.; Agrawal, P.: On Improving the Efficiency of Monte Carlo Test
          Generation
          Proc. Fault Tolerant Computing Symp. (FTCS) 5, 1975

AgAg75a   Agrawal, V.D.; Agrawal, P.:
          Probabilistic Analysis of Random Test Generation Methods for Irredundant
          Combinational Logic Networks
          IEEE, Trans. Comp., Vol. C-24, No. 7, July 1975

AgAg76   Agrawal, P.; Agrawal, V. D.:
          On Monte Carlo Testing of Logic Tree Networks
          IEEE Trans. Comp., Vol. C-25, No. 6, June 1976

AgCe81   Agarwal, V.K.; Cerny, E.:
          Store and Generate Built-In-Testing Approach
          Proc. FTCS-11, June 1981

AgJa84   Jain, S.K.; Agrawal, V.D.:
          STAFAN: An Alternative to Fault Simulation
          Proc. 21st Design Automation Conference, 1984

AgMe82   Agrawal, V.D.; Mercer, M.R.:
          Testability Measures - What Do They Tell Us?
          Proc. International Test Conference, 1982, pp. 391-396

AgSe82   Seth, S.C.; Agrawal, V.D.:
          Statistical Design Verification
          Proc. FTCS-12, 1982

AlKr84   Albicki, A.; Krasniewski, A.:
          Testability vs. Speed in NMOS VLSI Circuits
          Proc. IEEE Conf. on Computer-Aided Design, pp. 105-107, 1984

Ando80   Ando, H.:
            Testing VLSI with Random Access Scan
            Proc. Compcon 80, 1980, pp. 50-52

AnWi73   Williams, M.J.Y.; Angell, J.B.:
            Enhancing Testability of Large-Scale Integrated Circuits viaTest Points and
            Additional Logic
            IEEE Trans. Comp., Vol. C-22, Nr. 1, 1973

Appe83   Appel, J.:
            Computer Aided Test Data Generation System for Large ScaleIntegration
            Großintegration, NTG-Fachberichte 82, NTG Fachtagung, März1983, Baden-
            Baden

Ayre83   Ayres R.F.:
            VLSI Silicon Compilation and the art of automatic microchipdesign
            Prentice Hall, 1983

AAS81   Agrawal, V.D. et al.:
            LSI Product Quality and Fault Coverage
            Proc. 18th Design Automation Conference, 1981

AGRA84a   Agrawal, V.D.; Jain, S.K.; Singer, D.M.:
            Automation in Design for Testability
            Proc. Custom Integrated Circuits Conference, 1984

AGRA84b   Agrawal, V.D. et al.:
            A CAD system for design for testability
            VLSI Design, Oct. 1984, pp. 46-54

AGRA84c   Agrawal, V.D. et al.:
            A Mixed Mode Simulator
            Proc. 17th Design Automation Conference, 1980

AGRA85   Agrawal, V.D.; Seth, S.C.; Chuang, C.C.:
            Probabilistically guided test generation
            Proc. ISCAS-85, Kyoto, Japan, June 1985, pp. 687-690

BaMc82   Bardell, P.H.; McAnney, W.H.:
            Self-testing of multichip logic modules.
            Proc. 1982 IEEE Test Conf., pp. 200-204

BaMc84   Bardell, P.H.; McAnney, W.H.:
            Parallel pseudorandom sequences for built-in test
            Proc. International Test Conference, 1984, pp. 302-308

BaSa84   Savir, J.; Bardell, P.H.:
            On Random Pattern Test Length
            IEEE Trans. Comp., Vol. C-33, No. 6, June 1984

Benn84   Bennetts, R.G.:
            Design of Testable Logic Circuits
            Addison-Wesley, 1984

Berg85   Bergsträsser, T.;
            Entwurf eines modifizierten Zufallsmustergenerators,
            Studienarbeit, Fakultät für Informatik, Universität Karlsruhe, 1985

Bert83   Bertram, W.J.:
          Yield and Reliability
          in: Sze, S.M. (ed.) VLSI Technology, McGraw-Hill BookCompany, 1983

BhHe81   Bhavsar, D.K.; Hedelmann, R.W.:
          Self Testing by Polynomial Division
          Proc. International Test Conference, 1981

Bier84   Bierman H.:
          VLSI test gear keeps pace with chip advances
          Electronics International, April 19, 1984, 125-128

BlDa76   David, R.; Blanchet, G.:
          About Random Fault Detection on Combinational Networks
          IEEE Trans. Comp., Vol. C-25, No. 6, June 1976

BlOe75   Blum, E.; Oettli, W.:
          Mathematische Optimierung
          Springer-Verlag, 1975

Boct80   Boctor, G.:
          Ein effizientes algorithmisches Verfahren zur Erstellung von Testmengen für
          Schaltnetze und Schaltwerke
          Dissertation an der Fakultät für Informatik, Universität Karlsruhe, 1980

Bott77   Bottdorf, P.S.:
          Test Generation For Large Logic Networks
          Proc. 14th Design Automation Conference, 1977

BrFr76   Breuer, M.A.; Friedman, A.D.:
          Diagnosis and Reliable Design of Digital Systems
          Computer Science Press, Inc., 1976

BrSe81   Bronstein, I.N.; Semendjajew, K.A.:
          Taschenbuch der Mathematik
          20. Auflage, Verlag Harri Deutsch, Thun und Frankfurt, 1981

BrWi81   Williams, T.W., Brown, N.C.:
          Defect Level as a Function of Fault Coverage
          IEEE Trans. Comp. Vol. C-30, No. 12, Dec. 1981

BuEl83   El-ziq, Y.M.; Butt, H.H.:
          A mixed-mode built-in self-test technique using scan pathand signature analysis
          Proc. International Test Conference, 1983, pp. 269-274

BARZ84   Barzilai et al.:
          Fault Modeling and Simulation of SCVS Circuits
          Proc. ICCD'84, 1984

BENN81   Bennetts, R.G. et al.:
          CAMELOT: A Computer-Aided Measure for Logic Testability,
          IEE Proc., Vol. 128, No. 5, Sept. 1981

BLAC85   Blackman T. et al.:
          The SILC Silicon Compiler: Language and Features
          Proc. 22nd Design Automation Conference, Las Vegas 1985, pp.232-237

BRGL85   Brglez, F.; Pownall, P.; Hum, R.:
         Accelerated ATPG and fault grading via testability analysis
         Proc. IEEE, International Symposium on Circuits and Systems,June 1985, Kyoto

Camp85   Camposano, R.:
         Synthesis Techniques for Digital Systems Design
         Proc. 22nd Design Automation Conference, 1985

CaRo85   Camposano, R.; Rosenstiel, W.:
         A Design Environment for the Synthesis of IntegratedCircuits, Euromicro 85,
         Conference Proceedings, NorthHolland 1985

Chan83   Chandramouli, R.:
         On Testing Stuck-open Faults
         Fault Tolerant Computing Symp. (FTCS-13), Milano, June 1983,pp. 258-265

Chen84   Chen, Y.:
         Mehrfach-Literalfehler in logischen Funktionen und Verfahrenzur Testerzeugung
         für Schaltnetze
         Dissertation an der Fakultät für Informatik, Universität Karlsruhe, VDI-Verlag,
         Reihe 10, Nr. 36, 1984

ChVr83   Chiang, K.-W.; Vranesic, Z.G.:
         On Fault Detection in CMOS Logic Networks
         Proc. 20th Design Autonation Conference, 1983

CoSa83   Cohoon, J.; Sahni, S.:
         Heuristics For the Circuits Realization Problem
         Proc. 20th Design Automation Conference, 1983

CoWe71   Collatz, L.; Wetterling, W.:
         Optimierungsaufgaben
         Springer-Verlag, 1971

CART85   Carter, J.L. et al.:
         ATPG via Random Pattern Simulation
         Proc. ISCAS-15, Kyoto 1985

CHEN81   Chen, C.F. et al.:
         The Second Generation MOTIS Mixed-Mode Simulator
         Proc. 21st Design Automation Conference, 1981

CHEN84   Chen H.H. et al.:
         Test Generation for MOS Circuits
         Proc. IEEE International Test Conference 1984

Davi80   David, R.:
         Testing by Feedback Shift Register
         IEEE Trans. Comp., Vol. C-29, No. 7, July 1980

Davi82   Davis, B.:
         The economics of automatic testing
         McGraw-Hill, 1982

DaMu81   Daehn, W.; Mucha, J.:
         A hardware approach to self-testing of large programmable logic arrays
         IEEE Trans. Comp., Vol. C-30, Nov. 1981, pp. 829-833

Duss78   Dussault, J.A.:
            A Testability Measure
            Proc. IEEE Semiconductor Test Conference, 1978, pp. 113-116

DuSh85   Sha, L.; Dutton, R.W.:
            An Analytical Algorithm for Placement of Arbitrarly SizedRectangular Blocks
            Proc. 22nd Design Automation Conference, June 1985, LasVegas

EiLi83a   Eichelberger, E.B.; Lindbloom, E.:
            Random-Pattern Coverage Enhancement and Diagnosis for LSSD Logic Self-Test
            IBM J. Res. Develop., Vol. 27, No.3, May 1983

EiLi83b   Eichelberger, E.B., Lindbloom, E.:
            Trends in VLSI-Testing
            VLSI'83, IFIP, 1983

EiWi77   Eichelberger, E.B.; Williams, T.W.:
            A logic design structure for LSI testability
            Proc. 14th Design Automation Conference, pp. 462-468, June1977

El80   El-ziq, Y.M.:
            A New Test Pattern Generation System
            Proc. 17th Design Automation Conference, 1980

Fell68   Feller, W.:
            An Introduction to Probability Theory and Its Applications,I
            John Wiley & Sons, Inc., Third Edition, 1968

FeSh83   Shen, J.P.; Ferguson, J.:
            Easily-Testable Array Multipliers
            Proc. FTCS-13, June 1983

Fike75   Fike, J.L.:
            Predicting Fault Detectability in Combinational Circuits - A New Design Tool?
            Proc. 12th Design Automation Conference,1975

FlPo63   Fletcher, R.; Powell, M.J.D:
            A rapidly convergent descendent method for minimization
            Computer J. 6, 1963

FoFu82   Fung, H.S.; Fong, J.Y.O.:
            An Information Flow Approach to Functional Testability Measures
            Proc. International Conference on Circuits and Components,1982

Frie73   Friedman, A.D.:
            Easily testable iterative systems
            IEEE Trans. Comp., Vol. C-22, Dec. 1973

Fro77   Frohwerk, R.A.:
            Signature Analysis, A New Digital Field Service Method
            Hewlett Packard Journal, Vol. 28, No. 9, May 1977, pp. 2-8

FuSh83   Fujiwara, H.; Shimono, T.:
            On the Acceleration of Test Generation Algorithms
            Proc. FTCS 13, Milano, June 1983

FuTo82   Fujiwara, H.; Toida, S.:
          The Complexity of Fault Detection Problems for CombinationalLogic Circuits
          IEEE Trans. Comp., Vol. C-31, No. 6, June 1982

FAZE83   Fazekas, P. et al.:
          Electron Beam Testing Methodology
          IEEE Curriculum for Test Technology, 1983

FUNG85   Fung, H.S. et al.:
          Design for Testability in a Silicon Compilation Environment
          Proc. 22nd Design Automation Conference, 1985

GaKu83   Gajski, D.; Kuhn, R.:
          Guest Editor's Introduction: New VLSI Tools
          Computer 16 (12); pp. 11-14, Dec. 1983

GeNe84   Gerner, M.; Nertinger, H.:
          Scan Path in CMOS semicustom LSI chips?
          Proc. International Test Conference 1984

Goel80   Goel, P.:
          Test Generation Costs Analysis and Projections
          Proc. 17th Design Automation Conference, pp. 77-84, June1980

Goel82   Goel, P.:
          Automatic Test Generation for VLSI: Techniques, Results, And Projections
          International Automatic Testing Conference, IEEE, 1982

Goel81   Goel, P.:
          An implicit enumeration algorithm to generate tests for combinational logic circuits
          IEEE Trans. Comp., Vol. C-30, No. 3, March 1981

Görk73   Görke, W.:
          Fehlerdiagnose digitaler Schaltungen
          B. G. Teubner, Stuttgart, 1973

Gold79   Goldstein, L.H.:
          Controllability/Observability Analysis of Digital Circuits
          IEEE Transactions on Circuits and Systems, Vol. CAS-26, No.9, Sept. 1979

Golo67   Golomb, S.W.:
          Shift Register Sequences
          Holden-Day, Inc., 1967

GoMc82   Goel, D.K.; McDermott, R.M.:
          An Interactive Testability Analysis Programm - ITTAP
          Proc. 19th Design Automation Conference, 1982

GoRo81   Goel, R.; Rosales, B.C.:
          PODEM-X: An automatic test generation system for VLSI logicstructures
          Proc. 18th Design Automation Conference, pp. 260-268, 1981

GoTh80   Goldstein, J.L.; Thigpen, E.L.:
          SCOAP: Sandia Controllability/Observability Analysis Program
          Proc. 17th Design Automation Conference, 1980

GÖTT84   Göttler, E. et al.:
Entwurf kundenspezifischer Schaltungen
Elektronik, Hefte 19-22, 1984

Gran85   Granacki, J. et al.:
The ADAM Advanced Design Automation System: Overview, Planner and Natural
Language Interface
Proc. 22nd Design Automation Conference, Las Vegas 1985, pp. 727-730

Gras79   Grason, J.:
TMEAS, a Testability Measurement Program
Proc. 16th Design Automation Conference,1979

Hadl69   Hadley, G.:
Nichtlineare und dynamische Programmierung
Physica Verlag, Würzburg 1969

Hart80   Hartenstein, R.W.:
VLSI Bausteine in geringen Stückzahlen für Spezialanwendungen
Elektronische Rechenanlagen, Heft 4, 1980

Haye82   Hayes, J.P.:
A Unified Switching Theory with Applications to VLSI Design
Proc. IEEE, Vol. 70, No. 10, Oct. 1982

HaSr81   Hayes, J.P.; Sridhar, T.:
Design of Easily Testable Bit-Sliced Systems
IEEE Trans. Comp., Vol. C-30, No. 11, Nov. 1981

HeLe83   Heckmaier, J.H.; Leisengang, D.:
Fehlererkennung mit Signaturanalyse
Elektronische Rechenanlagen, 1983, Heft 3

HORN85   Horninger, K. H. et al.:
VLSI in Europe
Proc. VLSI'85, Tokio 1985, pp. 15-24

IbSa75   Ibarra, O.H.; Sahni, S.K.:
Polynomially Complete Fault Detection Problems
IEEE Trans. Comp., Vol. C-24, No. 3, March 1975

Jöhn69   Jöhnk, M.D.:
Erzeugen und Testen von Zufallszahlen
Physica-Verlag, Würzburg 1969

JOHN84   Johnson S.C.:
VLSI circuit design reaches the level of architectural description
Electronic, May 3, 1984, pp. 121-128

KaLu83   Karp, R.M.; Luby, M.:
Monte-Carlo Algorithms for Enumeration and Reliability Problems
Proc. 24th Annual Symp. on Foundations of Computer Science, pp. 56-64, 1983

KiVe83   Vecchi, M.; Kirkpatrick, S.:
Global wiring by simulated annealing
IEEE Trans. on Computer Aided Design, Vol. CAD-2, No. 4,Oct. 83, pp. 215-222

Knuth69   Knuth, D.:
           The Art of Computer Programming
           Vol. 2, Addison Wesley, 1969

Kovi79   Kovijanic P.G.:
           Testability Analysis
           IEEE Test Conference, Cherry Hill, New Jersey, 1979

KoOk84   Oklobdzija, V.G.; Kovijanic, P.G.:
           On Testability of CMOS-Domino Logic
           Proc. FTCS-15, 1984

KoTh83   Kowalski, T.J.: Thomas, D.E.:
           The VLSI Design Automation Assistant: Prototype System
           Proc. 20th Design Automation Conference, 1980

KrAl85a   Krasniewski, A.; Albicki, A.:
           Self-Testing Pipelines
           Proc. IEEE International Conference on Computer Design, Oct.1985

KrAl85b   Krasniewski, A.; Albicki, A.:
           Simulation-free estimation of speed degradation in nMOS self-testing circuits for
           CAD applications
           Proc. 22nd Design Automation Conference, 1985

KrAl85c   Krasniewski, A.; Albicki, A.:
           Automatic design of exhaustively self testing chips withBILBO modules
           Proc. International Test Conference 1985

KOEN79   Koenemann, B. et al.:
           Built-In Logik Block Observation Techniques
           Proc. Test Conference, Cherry Hill 1979, New Jersey

KREK858   Krekelberg D.E. et al.:
           Yet another Silicon Compiler
           Proc. 22nd Design Automation Conference, Las Vegas 1985, pp.176-182

KÜNZ79   Künzi, H.P.; Krelle, W.; v. Randow, R.:
           Nichtlineare Programmierung
           Springer-Verlag, 1979

Leis82   Leisengang, D.:
           Berechnung von Fehlererkennungswahrscheinlichkeiten bei Signaturregistern
           Elektronische Rechenanlagen, 1982, Heft 2

LeWa83   Leisengang, D.; Wagner, M.:
           Signaturanalyse in der Datenverarbeitung
           Elektronik, 21. 10. 1983

Lieb84   Lieberherr, K.J.:
           Parameterized Random Testing
           Proc. 21st Design Automation Conference, 1984

LiSu84   Su, S.Y.H.; Lin, T.:
           Functional Testing Techniques for Digital LSI/VLSI Systems
           Proc. 21st Design Automation Conference, 1984

Marc83   Marcus, R.B.:
          Diagnostic Techniques
          in: Sze, S.M. (ed.) VLSI Technology, McGraw-Hill BookCompany, 1983

MaSl76   MacWilliams, F.J.; Sloane, N.J.A.:
          Pseudo-random sequences and arrays
          Proc. IEEE, Vol. 64, No. 12, Dec. 1976

MaYa84   Malaiya, Y.K.; Yang, S.:
          The coverage problem for random testing
          Proc. International Test Conference, 1984

McPa75   Parker, K.P.; McCluskey, E.J.:
          Analysis of Logic Circuits with Faults Using Input Signal Probabilities
          IEEE Trans. Comp., Vol. C-24, No. 5, May 1975

McPa75a   Parker, K.P.; McCluskey, E.J.:
          Probabilistic Treatment of General Combinational Networks IEEE Trans. Comp.,
          Vol. C-24, No. 6, June 1975

McCl84   McCluskey, E.J.:
          A Survey of Design for Testability Scan Techniques
          VLSI Design, Dec. 1984

McCl85   McCluskey, E.J.:
          Built-In Self-Test Techniques & Built-In Self-Test Structures
          IEEE Design & Test, April 1985

MeUn84   Mercer, M.R.; Underwood, B.:
          Correlating Testability with Fault Detection
          Proc. International Test Conference, 1984, pp. 697-704

Mitc83   Mitchell, M.A.:
          Process Monitoring and Prediction of Yield
          IEEE Curriculum for Test Technology, 1983

Much85   Mucha, J.P.:
          VLSI Testing - Problems and Solutions
          Proc. VLSI'85, IFIP, Tokio, August 1985

Murp64   Murphy, B.T.:
          Cost-Size Optima of Monolithic Integrated Circuits
          Proc. IEEE, 52, 1964

Muro82   Muroga, S.:
          VLSI System Design
          John Wiley & Sons, 1982

MuSa81   Muehldorf, E.I.; Savkar, A.D.:
          LSI Logic Testing - An Overview
          IEEE Trans. on Comp. Vol. C-30, No. 1, Jan. 1981

MOTI83   Motika, F. et al.:
          An LSSD Pseudo Random Pattern Test System
          Proc. International Test Conference, 1983

Newt85   Newton A.R.:
         Techniques for logic synthesis
         Proc. VLSI'85, Tokio 1985, pp. 15-24

NeYu83   Nemirovsky, A.S.; Yudin, D.B.:
         Problem Complexity and Method Efficiency in Optimization
         John Wiley & Sons, 1983

Nomu85   Nomura,H.:
         Current Status, Future Trends, and Impact of VLSI
         Proc. VLSI'85, Tokio 1985, pp. 3-11

NSS86   Nahar, S.; Sahni, S.; Shragowitz, E.:
         Simulated Annealing and Combinational Optimization
         Proc. 23nd Design Automation Conference, June 1986, LasVegas

OrRh73   Ortega, J.M.; Rheinboldt, W.C.:
         Iterative Solution of Nonlinear Equations in Several Variables
         Academic Press, New York and London, 1973

Parr83   Parrillo, L.C.:
         VLSI Process Integration
         in: Sze, S.M. (ed.) VLSI Technology, McGraw-Hill BookCompany, 1983

PaWi82   Parker, K.P.; Williams, T.W.:
         Design for Testability
         IEEE Trans. Comp., Vol. C-32, No. 1, Jan. 1982

PONT62   Pontryagin, L.S. et al.:
         The Mathematical Theory of Optimal Processes
         John Wiley, New York, 1962

Ride79   Rideout, V.L.:
         One Device Cells for Dynamic Random Access Memories:
         A Tutorial
         IEEE Trans. Electron. Devices, Vol. 26, 6, 1979

Rose84   Rosenstiel, W.:
         Synthese des Datenflusses digitaler Schaltungen aus formalen
         Funktionsbeschreibungen
         Dissertation 1984, VDI-Verlag, Reihe 10, Nr. 37

RoCa85   Rosenstiel W., Camposano R.:
         Synthesizing Circuits from Behavioural Level Specifications
         Computer Hardware Description Languages and their Applications, IFIP, 1985, pp. 391-403

Ross83   Ross, M.S.:
         Stochastic Processes
         Wiley, New York, 1983

Roth80   Roth, P.:
         Computer Logic, testing and Verification
         Pitman, 1980

REDD84   Reddy, S.M.:
A gate level model for CMOS combinational logic circuits with application to fault detection
Proc. 21st Design Automation Conference, 1984

Sahn80   Sahni, S.:
The complexity of Design Automation Problems
Proc. 17th Design Automation Conference, 1980

Saka85   Sakamura, K.:
Development of TRON Chip - A Single Chip VLSI Computer Architecture in the 1990's
Proc. VLSI'85, IFIP, Tokio 1985

Shed77   Shedletsky, J.J.:
Random Testing: Practically vs. Verified Effectiveness
Proc. FTCS-7, June 1977

ShMc75   Shedletsky, J.J.; McCluskey, E.J.:
The Error Latency of a Fault in a Combinational Digital Circuit
Proc. 5th FTCS, June 1975

Smit80   Smith, J.E.:
Measures of the Effectiveness of Fault Signature Analysis
IEEE Trans. Comp., Vol. C-29, No. 6, June 1980

Stap75   Stapper, C.H.:
On a Composite Model to the I.C. Yield Problem
IEEE J. Solid State Circuits, SC10, 1975

Stap76   Stapper, C.H.:
LSI Yield Modeling and Process Monitoring
IBM J. Res. Dev., 20, 1976

Stew78   Steward, J.H.:
Application of SCAN/SET for Error Detection and Diagnostics
Proc. International Test Conference, 1978

SAVI83   Savir, J. et al.:
Random Pattern Testability
Proc. Fault Tolerant Computing Symp. (FTCS) 13, 1983

SAVI84   Savir, J. et al.:
Random Pattern Testability
IEEE Trans. Comp., Vol. C-33, No. 1, Jan. 1984

SCHM84   Schmid, D. et al.:
Automatischer Entwurf hochintegrierter Schaltungen aus Beschreibungen der Schaltungsfunktion
Informatik Fachberichte 88, 14. GI-Jahrestagung, Braunschweig, Okt. 1984, Springer-Verlag, pp. 391-406

SCHN75   Schnurmann et al.:
The Weighted Random Test-Pattern Generator
IEEE Trans. Comp., Vol. C-24, No. 7, July 1975

SCHU75   Schuler, D.M.:
          Random Test Generation Using Concurrent Logic Simulation
          Proc. 12th Design Automation Conference, 1975

SEMI85   SEMICUSTOM
          Zellenorientierter Baustein-Entwurf,Standardzellen und Gate-Arrays in moderner
          CMOS-Technologie
          Handbuch 1, Schaltungsentwicklung, Siemens AG, April 1985

SET85   Seth, S.C.; Pan, L.; Agrawal, V.D.;
          PREDICT - Probabilistic estimation of digital circuit testability
          Proc. FTCS-15, Ann Arbor, June 1985, pp. 220-225

SETH85   Seth, S.C.; Bhattacharya, B.B.; Agrawal, V.D.:
          An Exact Analysis for Efficient Computation of RandomPattern Testability in
          Combinational Circuits

Tris84a   Trischler, E.:
          ATWIG, an automatic test pattern generator with inherent guidance
          Proc. International Test Conference, 1984

Tris84b   Trischler, E.:
          An Integrated Design for Testability and Automatic Test Pattern Generation System:
          An Overview
          Proc. 21st Design Automation Conference, 1984

Tsai83   Tsai, M.Y.:
          Pass Transistor Networks in MOS Technology: Synthesis, Performance, and
          Testing
          IEEE Int. Symposiums of Circuits and Systems, 1983, pp. 509-512

TAKE85   Takeda,K.et al.:
          A single chip 80b floiting point processor
          ISSCC Digest of technical papers, pp. 16-17, February 1985

TI80   The TTL Data Book
          Texas Instruments, 1980

Ulri85   Ulrich, E.:
          Concurrent Simulation Beyond the Gate-Level
          Proc. VLSI'85, IFIP, Tokio 1985

VARM84   Varma, P. et al.:
          An analysis of the economics of self-test
          Proc. International Test Conference, 1984

Wads78   Wadsack, R.L.:
          Fault Modeling and Logic Simulation of CMOS and MOS Integrated Circuits
          The Bell System Technical Journal, Vol. 57, No. 5, May-June1978

Wads81   Wadsack, R.L.:
          VLSI: How much fault coverage is enough?
          Proc. International Test Conference, 1981

WaTh85   Walker, R.A.; Thomas, D.E.:
          A Model of Design Representation and Synthesis
          Proc. 22nd Design Automation Conference, Las Vegas 1985, pp.453-459

Webe86   Weber, R.: Ein Testerzeugungsverfahren für digitale Schaltungen mittels einer
          Verhaltensbeschreibungssprache
          Dissertation 1986, Universität Karlsruhe, Fakultät für Informatik

Will82   Williams T.W.:
          Design for Testability
          in: Computer Design Aids for VLSI Circuits, Antognetti P. et al. (eds.), Sijthoff &
          Nordhoff, 1981

Will84   Williams. T.W.:
          Sufficient testing in a self-testing environment
          Proc. International Test Conference, 1984

Will85   Williams. T.W.:
          Test Length in a Self-Testing Environment
          Design & Test, April 1985

Wu84   Wunderlich, H.-J.:
          Zur statistischen Analyse der Testbarkeit digitaler Schaltungen
          Interner Bericht 18/84, Universität Karlsruhe, Fakultät für Informatik, 1984

Wu85   Wunderlich, H.-J.:
          PROTEST: A Tool for Probabilistic Testability Analysis
          Proc. 22nd Design Automation Conference, Las Vegas, 1985

Wu85b   Wunderlich, H.-J.:
          Testprobleme der Höchstintegration,
          Skript zur Vorlesung im Wintersemester 1985/86, Universität Karlsruhe, Fakultät
          für Informatik

WuKu84   Kunzmann, A.; Wunderlich, H.-J.:
          Steigerung der Effizienz beim Test mit Zufallsmustern
          Universität Karlsruhe, Fakultät für Informatik, Interner Bericht 19/1984

WuKu85   Kunzmann, A.; Wunderlich, H.-J.:
          Design automation of random testable circuits
          Proc. ESSCIRC 1985, Toulouse

WuRo86   Wunderlich, H.-J.; Rosenstiel, W.:
          On Fault Modeling for Dynamic MOS Circuits
          Proc. 23rd Design Automation Conference, Las Vegas 1986

WuWa84   Warschat, J.; Wunderlich, H.-J.:
          Time-optimal control policies for cascaded production inventory systems with
          control and state constraints
          Int. J. Systems Sci., 1984, Vol. 15, No. 5, pp. 513-524

YMA77   Yamada, A. et al.:
          Automatic Test Generation for Large Digital Circuits
          Proc. 14th Design Automation Conference, June 1977, pp. 78-83